先进模糊智能复合经典PID控制理论与应用及其Matlab实现

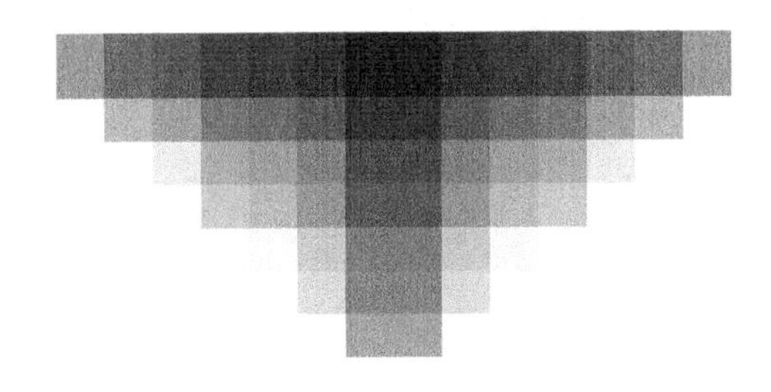

刘经纬 周 瑞 朱敏玲 著

首都经济贸易大学出版社
Capital University of Economics and Business Press
·北 京·

图书在版编目(CIP)数据

先进模糊智能复合经典PID控制理论与应用及其Matlab实现/刘经纬,周瑞,朱敏玲著. --北京:首都经济贸易大学出版社,2016.8

ISBN 978-7-5638-2562-2

Ⅰ.①先… Ⅱ.①刘… ②周… ③朱… Ⅲ.①PID控制—应用—模糊控制—自动控制系统 ②Matlab软件—应用—模糊控制—自动控制系统 Ⅳ.①TP273

中国版本图书馆CIP数据核字(2016)第224243号

先进模糊智能复合经典PID控制理论与应用及其Matlab实现
刘经纬　周　瑞　朱敏玲　著

责任编辑　王　猛
封面设计　风得信·阿东 FondesyDesign
出版发行　首都经济贸易大学出版社
地　　址　北京市朝阳区红庙(邮编 100026)
电　　话　(010)65976483　65065761　65071505(传真)
网　　址　http://www.sjmcb.com
E-mail　publish@cueb.edu.cn
经　　销　全国新华书店
照　　排　北京砚祥志远激光照排技术有限公司
印　　刷　北京九州迅驰传媒文化有限公司
开　　本　710毫米×1000毫米　1/16
字　　数　162千字
印　　张　9.75
版　　次　2016年8月第1版　2023年8月第1版第4次印刷
书　　号　ISBN 978-7-5638-2562-2
定　　价　28.00元

图书印装若有质量问题,本社负责调换
版权所有　侵权必究

作者单位

首都经济贸易大学信息学院

北京中医药大学中药学院

北京信息科技大学计算机学院

项目资助

首都经济贸易大学校内科研专项(00791654490210)

首都经济贸易大学科研启动基金(00791554410263)

首都经济贸易大学教学改革项目(00791654210157)

北京中医药大学优秀青年骨干教师专项计划(2016－JYB－QNJSZX014)

北京市教育委员会科技发展计划(KM201611232011)

国家自然科学基金资助项目(11401031)

国家自然科学基金资助项目(61272375)

国家自然科学基金资助项目(11402006)

前　言

本书是"北京燕山石化60路智能温控系统改造工程项目"的成果,对控制系统的控制参数自主在线优化与整定的需求、问题和方法进行了研究。本书研究的问题是基于模糊计算科学的人工智能方法及其在经典控制理论与实践中的应用与改进。

在对原硬件系统进行改造以满足新需求的过程中,本书重点研究解决经典控制方法受系统内部和外部不确定性因素的影响导致的两个问题(统称为"控制器参数在线优化整定问题"):一是对多路结构相同但内部、外部略有差异的被控对象,工程师需要使用相同的方法进行重复参数调试整定的问题,特别是对大惯性、有滞后的系统进行调试,会消耗大量时间和人力的问题;二是当系统运行环境发生变化后,控制器无法自动优化调整控制参数,系统无法达到控制性能要求的问题。

本书研究模糊智能复合经典(确定性)控制方法,结合不确定控制方法和人工智能优化、搜索方法的优点,参考了模糊自适应PID控制方法,设计出三种基于专家经验通过模糊控制器实现的自适应PID控制算法,通过理论推导、Matlab计算机仿真和实际项目实施验证的途径对以上三种方法的稳定性、动态性能、静态性能进行了分析和验证,并根据需求实现了工程项目的硬件改造。

本书的创新与价值体现在以下三个方面：

第一，系统地描述了经典的模糊推理人工智能方法与经典 PID 控制相结合的智能的控制方法。

第二，系统地描述、实现并对比了多种先进模糊推理智能复合经典 PID 控制方法与实现。

第三，详细地给出上述各方法的理论推导、分析、Matlab 计算机仿真和具体实施过程。

目　录

1 绪论

本章从工业控制智能化改造中遇到的实际问题出发，对国内外相关文献进行调研与分析，研究了控制器参数在线优化整定方法的可行性，学习了前人对相关领域进行的基础研究，为全书的研究工作做好准备。

1.1 研究背景

在目前的实际生产、工业过程控制中，模拟控制主要以 PID 控制等经典控制方法为代表，也有一部分系统采用了模糊控制和神经网络控制等智能控制算法。这些针对确定被控对象、确定工作环境的控制方法被称为经典控制方法，而采用的具体算法被称为经典控制算法。经典控制算法[1]在不同方面各有所长，但也存在着应用的局限性。

从智能化[2]方面讲，经典控制算法存在着以下共性。

(1)控制器参数的整定工作是在系统投入使用之前进行的。在开发阶段，工程师凭借经验并通过现场试验完成对控制器参数的整定，参数配置的完成往往伴随着项目的完成和交付而终结。因此，系统控制参数在实际运行中不会改变，即被控对象无法根据运行环境的变化进行算法参数的调整和优化。

(2)对于很多同样的调试单元,重复调试工作不可避免。例如,在一个项目中有多路相同的被控对象,这些被控对象之间或多或少地存在着差异,特别是对于带有延迟、滞后或大惯性的被控对象来说,每一个被控对象的调试都会消耗大量的时间,占用大量的人力物力。

(3)对于多路同样的调试单元,由于其工作环境有所差别,须在系统运行前进行分别调试。如果系统运行后被控对象的工作环境有了变化,控制参数却不能随之改变,控制效果将变差,甚至会使误差增加,导致系统不稳定。

下面以实际项目为例来说明问题。本书研究的燕山石化 60 路 PID 温控系统工程中,面临着这样的问题:①每个加热回路结构相似,都是对一个加热罐加热,从室温加热到 200℃,但是它们的工作环境略有不同,因此每路都需要单独调试,且调试时需要重复 60 次同样的工作。②被控对象是大惯性环节[3],每次调试周期长达 1 小时,十分耗费时间与人力。③工艺要求系统超调量 Mp 尽量小(首次超调小于 3℃,稳定时波动小于 0.3℃),甚至希望没有超调,而单纯的 PID 控制得到的快速性和超调是成正比的,快速性的提高往往会引起超调量的增加,因此需要在不同的阶段,根据当前温度和当前温度变化率的变化改变 P,I,D 参数值。

根据上述分析,我们需要找到一种方法,让控制系统能够在运行前经过初步配置,开始运行后能够根据加热炉和环境的差异,自动将控制参数调整到最佳值,减少大量耗时的重复工作量。

1.2 在研工程项目中遇到的实际问题

本书的研究内容是燕山石化 60 路 PID 温度控制系统改造项目中遇到的实际问题。首先对改造前工程的设计方案做简单介绍:改造前的温控系统是由单片机电路为下位机、计算机为上位机构成的多路温度控制系统。

改造前的系统框图如图 1－1 所示。原有 60 路温控系统由一台计算机作为上位机进行总的监控，由单片机、A/D、D/A、通信模块构成的单片机系统构成下位机，下位机有 3 个，每个下位机控制 20 路加热炉，这 20 路加热炉控制电路分别安装在 5 个强电控制箱中，每个强电控制箱的输出连接 4 个加热炉。控制算法采用普通的 PID 控制方法。

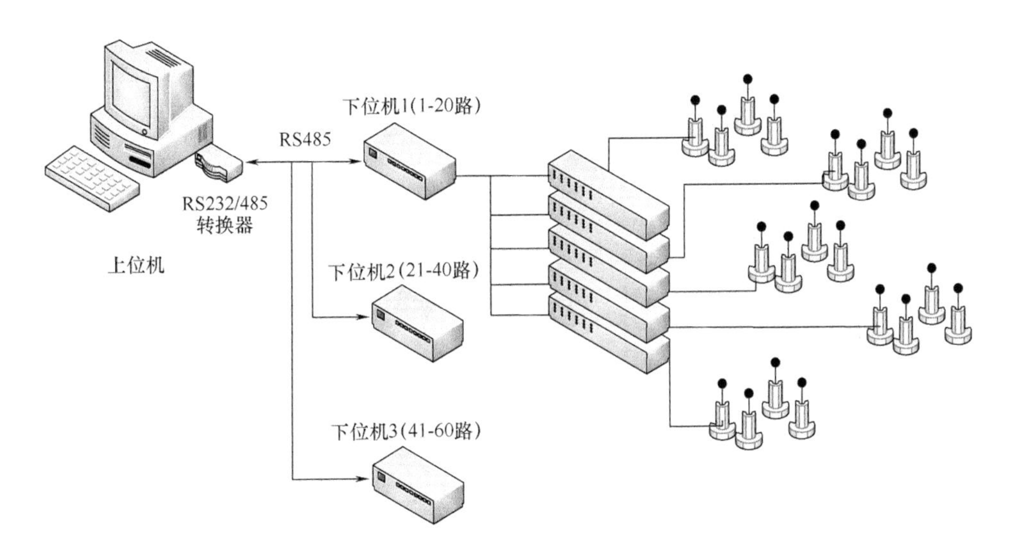

图 1－1　改造前 60 路 PID 温度控制系统框图

控制性能的要求是：

(1) 目标加热温度 T_f 在 200℃～250℃；

(2) 加热上升时间、稳定时间 T_s 尽可能短；

(3) 首次达到目标值后超调量 $Mp_1 < 3$ ℃；

(4) 稳定后波动范围 $|e(t)| = |y(t) - r(t)| < 1$℃；

(5) 当目标加热温度 T_f 发生变化时，再次到目标值后超调量 $Mp_1 < 3$℃；

(6) 当目标加热温度 T_f 发生变化时，再次稳定后波动范围 $|e(t)| < 1$℃；

(7)当系统60路加热通道的某一路出现故障后,对这一路的维修要尽量少地影响其他通道的正常工作;

(8)硬件系统中有需要维修的模块最好选用较为成熟的工业控制产品,这样做的好处是,维修时可以直接更换坏件,不仅可以减少维修造成的停产损失,而且可以降低对维修人员专业技术水平的要求;

(9)实现PID控制参数在线优化整定方法,确保控制系统的稳定性、动态性能和稳态性能。

经过工程实践中的实际运行,改造前的燕山石化60路PID温度控制系统存在着以下问题:

问题1(本书的研究重点):60路PID加热通路的控制参数需要使用相同的方法一路一路地整定,每路单个加热周期的时间大于30分钟,降温时间大于1小时;整定时间太长,重复工作次数太多。

问题2(本书的研究重点):由于被控对象存在一定的差异,且每路控制对象的工作环境略有差别,所以合理的60路控制参数必然会存在一定的差异。如果系统运行前60路控制器参数配置一样,这就要求系统运行后能够调整控制参数以适应被控对象和运行环境的差异。

问题3(工程硬件改造,并非本书研究的重点):原有系统的下位机硬件电路不稳定,以及随着使用时间的增加,硬件电路的老化使得下位机经常出现故障,从而引发了两个维修上的问题:①维修下位机电路时工作量太大,特别是对于没接触过硬件系统设计工作的工程师来讲,维修工作甚至很难入手;②每次维修都要耗费大约一周的时间,而且在维修期间整个系统都要停止工作,造成了一定的经济损失。

1.3　国内外研究现状

针对本书研究的重点，即上述控制器参数在线优化整定问题，本书首先对国内外控制方法研究状况进行了调研，从确定性控制、不确定性控制、人工智能控制三个角度入手开展文献的检索和分析，得到对上述问题的求解思路。

1.3.1　确定性控制问题的研究现状

PID 控制[4]、神经网络控制[5]和模糊控制[6]均是处理确定性控制问题的有力工具。PID 控制器具有固定的模型，控制精度高，实现方便；神经网络、模糊控制器则非模型化，因此具有非模型、非线性控制能力，但实现起来较为复杂。PID 控制方法能够得到很好的动态性能，是最常见的控制方法，但对控制对象和工作环境的模型依赖性较高。在模糊控制系统中知识的抽取和表达比较方便，比较适合于表达那些模糊或定性的知识，其推理方式比较类似于人的思维模式。但一般来说，模糊系统缺乏自学习和自适应能力，要设计并实现模糊系统的自适应控制是比较困难的。神经网络则可直接从样本中进行有效的学习，它具有并行计算、分布式信息存储、容错能力强以及自适应学习等优点。一般来说，神经网络不适于表达基于规则的知识，因此在对神经网络进行训练时，由于不能很好地利用已有的经验知识，常常只能将初始权值取为零或随机数，从而增加了网络的训练时间或者陷入局部极小区域。总的来说，神经网络适合于处理非结构化信息，而模糊系统对处理结构化的知识更为有效。

图 1－2、图 1－3、图 1－4 是模糊控制、神经网络控制、PID 控制算法框图。为了抽象出经典控制算法的特点，本书将上述三种算法按照统一的形式进行描述。无论是哪种控制方式，它们都是由输入处理（包括反馈）、控制器、知识库、输出处理、被控对象五个部分组成，这五个部分被称作控制系统的五要素。因此，可以将以上三种经典的确定型控制问题进行抽象，得到它们共有的特征和模型，再做进一步的分析和设计。

模糊控制的结构图如图 1－2 所示，其知识库就是模糊规则表，输入信号和输出信号的映射是由模糊规则表中的每条规则确定的，控制器是由模糊推理机经过清晰化处理输出给被控对象的。

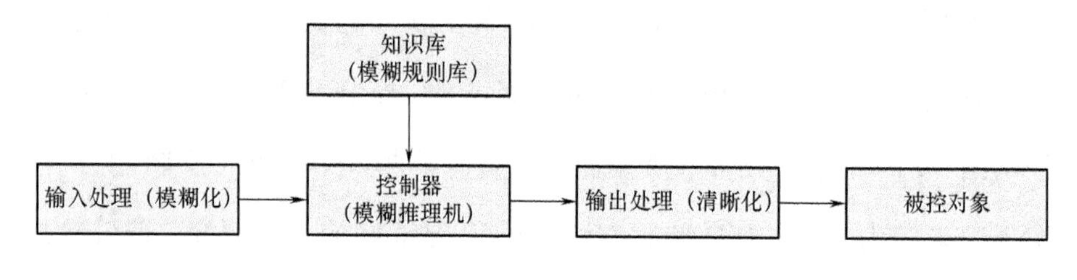

图 1－2　模糊控制算法框图

神经网络控制的结构图如图 1－3 所示。从表面上看，神经网络控制的知识库是由神经元相连接的权值决定的，但本质上，这些权值却是由训练样本经过反复训练得到的，因此可以认为神经网络的知识库是由样本数据构成的。

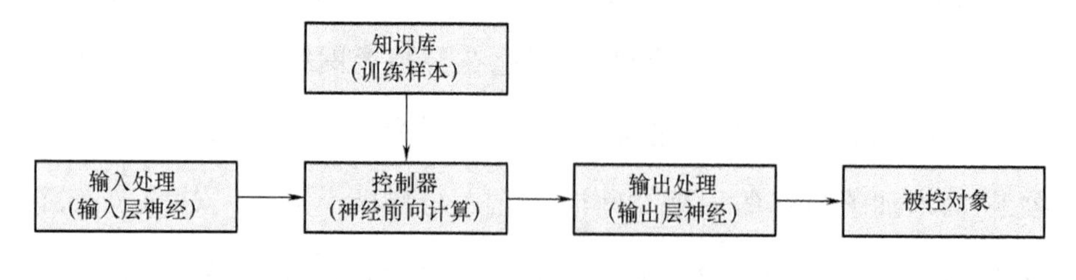

图 1－3　神经网络控制算法框图

PID 控制方法的知识库可以认为就是 K_p,K_i,K_d 三个参数,如图 1-4 所示。

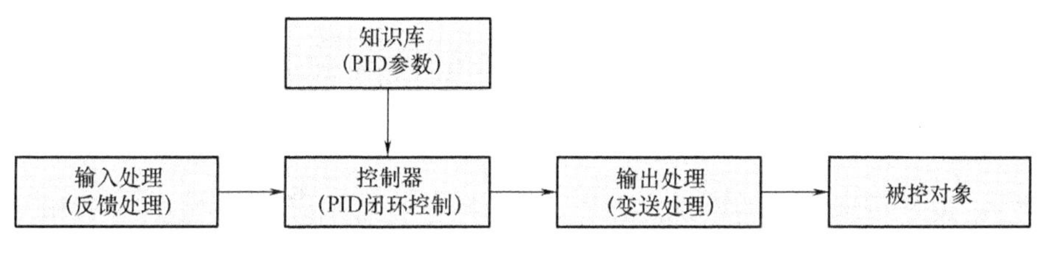

图 1-4　PID 控制算法框图

因此,为了得到一类解决确定性控制问题的算法,可以将上述各种控制算法,抽象总结成图 1-5 所示的框图。从中可以看出,控制器的输出是由知识库推理计算得到的,因此控制器参数在线优化整定算法的重点就是研究知识库的在线更新问题。

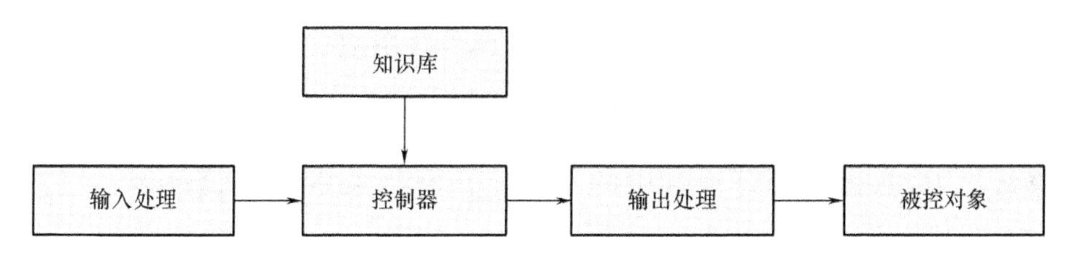

图 1-5　经典控制算法框图

具体地说,对于模糊控制,控制器参数在线优化整定算法要能够在线优化模糊规则表;对于神经网络控制,控制器参数在线优化整定算法要能够在线优化训练样本;对于 PID 控制算法,控制器参数在线优化整定算法要能够在线优化 P,I,D 参数。这就是说,对于各类经典控制算法,如果控制器参数在线优化整定算法能够在线优化知识库,就可能实现对控制系统的优化。因此控制器参数在线优化整定算法的核心问题,就是如何实现知识库的在线优化问题。

1.3.2 不确定性控制问题的研究现状

1.3.2.1 不确定性控制产生的原因

在线优化整定方法的研究对象和环境具有不确定性[7]。任何一个实际系统都具有不同程度的不确定性,不确定性按其来源通常可以分为两类:一类是系统外部的不确定性[8],即外部环境对系统的影响,这些影响可以等效地用许多扰动来表示。这些扰动通常是不可预测的:有一些测量噪声从不同的测量反馈回路进入系统,这些随机扰动和噪声的统计特性常常是未知的。另一类是系统内部的不确定性,又可以分为未建模动态和参数不确定性两个方面。在研究控制系统时,一般所依据的是已经建立的数学模型。但无论是利用理论分析还是利用实验分析所得到的都是简化的数学模型,使用这种模型不可能得到被控对象的全部动态特性。在实际系统中,系统模型的参数,如摩擦系数、电阻等会发生变化,这种参数的扰动称为参数不确定性。因此,不确定性普遍存在于非线性系统之中,能否处理好系统中的不确定性直接关系到系统控制性能的好坏。

一方面,实际系统中含有大量的不确定性,这些不确定性直接影响系统的性能;另一方面,非线性控制理论的进一步发展,势必要求对不确定非线性系统进行更加深入的研究。因此,研究不确定非线性系统不仅具有理论价值,而且更具有实际意义。对在线优化整定方法的研究是本书研究必不可少的准备工作。

1.3.2.2 不确定性控制方法

本书研究的问题主要源于被控对象应用环境的不确定性因素,现有的不确定性控制理论主要有自适应控制[9-16]和鲁棒控制[17,18]。

其中，自适应控制是指在系统工作过程中，系统本身能不断地检测系统参数或运行指标，根据参数的变化或运行指标的变化，改变控制参数或改变控制作用，使系统运行于最优或次优的工作状态。

自适应控制系统的形式很多，有模型参考自适应控制系统、自校正控制系统、变结构自适应控制系统、神经网络自适应控制系统、模糊自适应控制系统，等等。但无论是从理论成果的丰富程度还是从应用的广泛程度来看，模型参考自适应控制系统和自校正控制系统应用最为成熟，是最为重要的两类自适应控制系统。

(1)模型参考自适应控制(MRAC)系统利用其可调系统的状态、输入和输出变量来度量某个性能指标，然后根据实测性能指标值与给定的性能指标集相比较的结果，由自适应机构修正可调系统的参数，或者产生一个辅助输入信号，以保持系统的性能指标接近给定的性能指标集。

MRAC 系统由内环和外环两个环路组成，见图 1－6。内环和常规的反馈回路类似，它由控制对象和可调控制器(包括前馈调节器和反馈调节器)组成，称为可调系统。外环是用来调节可调控制器参数的自适应回路。由于参考模型和控制对象并联，所以外界输入信号加到可调系统的输入端的同时也加到参考模型的输入端，这样参考模型的输出 y_m 可以用来规定期望的性能指标。因此，应当这样规定参考模型：对于一个给定的输入信号，参考模型的输出 y_m 是控制对象输出 y_D 应当跟踪的期望值。可以利用减法器将参考模型输出与控制对象的输出相减，得到广义误差信号。自适应机构按一定的规则利用广义误差信号来修改可调控制器的参数，使广义误差的某个泛函最小，当可调系统趋近参考模型时，广义误差就会趋于极小或下降到零。

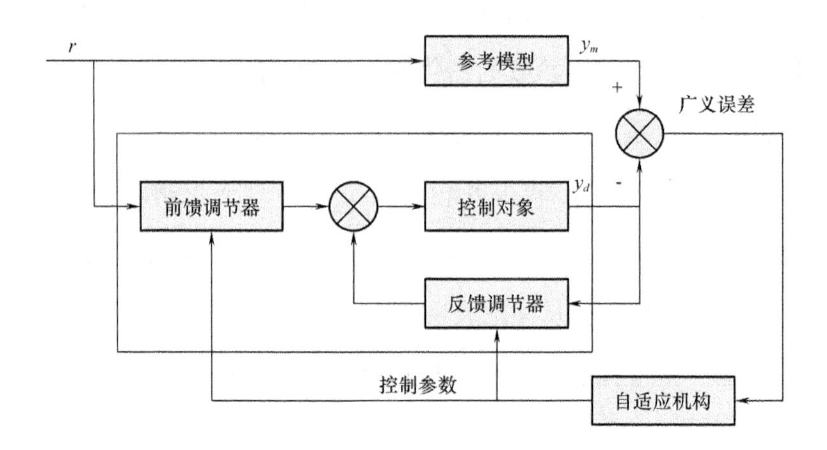

图 1－6　模型参考自适应控制系统基本结构

(2)自校正控制(STC)是在线参数估计和控制器参数在线设计的有机结合,其基本思想是:辨识器根据系统的运行数据和某一选定的算法,在线计算出系统的未知参数和未知状态的估计值,然后控制器根据这两个估计值和事先选定的性能指标,综合出相应的最优控制规律。尽管系统及环境在不断地变化,但是控制器时刻根据这些变化的数据不断辨识、不断综合出新的控制规律,更新控制器参数值,因而系统的性能指标将逐渐趋于最优。

自校正控制也由内环和外环两个环路组成,见图 1－7。内环和常规的反馈回路类似,由控制器和被控对象组成。外环由参数估计器和控制器参数设计器组成,其任务是辨识过程参数,再按选定的设计方法综合出控制器的参数,用以修改控制器。

目前,用来综合自适应控制规律的性能指标有优化性能指标和常规性能指标,用来进行参数估计的方法有最小二乘法、增广矩阵法、辅助变量法和最大似然法等。

上述两类自适应控制系统的共同点是:控制器的参数能随被控系统特

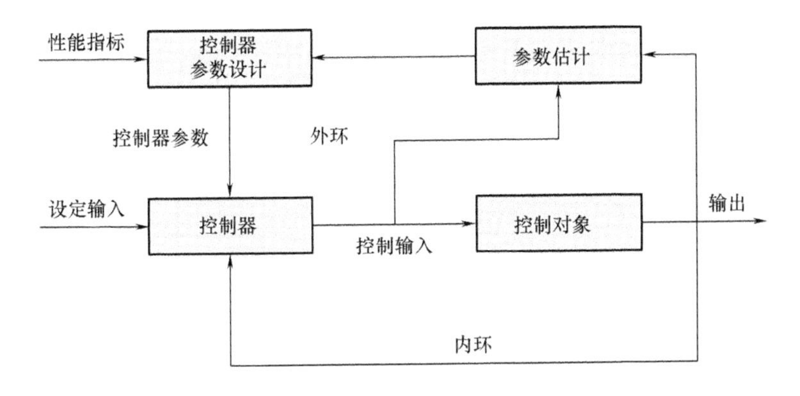

图 1－7 自校正控制系统的典型结构

性的变化和环境的改变而不断进行调节，即具有一定的“自适应”能力。但是控制器参数的调节方法是不同的，其中，MRAC 系统的参数调节是基于参考模型与被控对象输出之间的误差，而 STC 系统的参数调节是基于被控对象的参数辨识。另外，两者的基本设计思想也是有差别的，MRAC 系统的设计思想是在保证系统稳定的前提下构成自适应控制规律的，STC 系统则是使某一性能指标为最优来决定自适应控制规律的。

1.3.3 人工智能控制、搜索寻优方法的研究现状

1.3.3.1 人工智能的方法——专家系统

人工智能[19,20]和智能控制[21,22]学科与控制学科密切相关，典型的人工智能控制方法是专家式控制方法。专家式控制，或专家控制系统（expert control system, ECS），已广泛应用于故障诊断、工业设计和过程控制，为解决工业控制难题提供了一种新的方法，是实现工业过程控制的重要技术。专家控制系统应用场合和控制要求不同，因而其结构也可能不一样。然而，几乎所有的专家控制系统（控制器）都包含知识库、推理机、控制规则集或控制算法等。图 1－8 给出了一种工业专家控制器的框图。

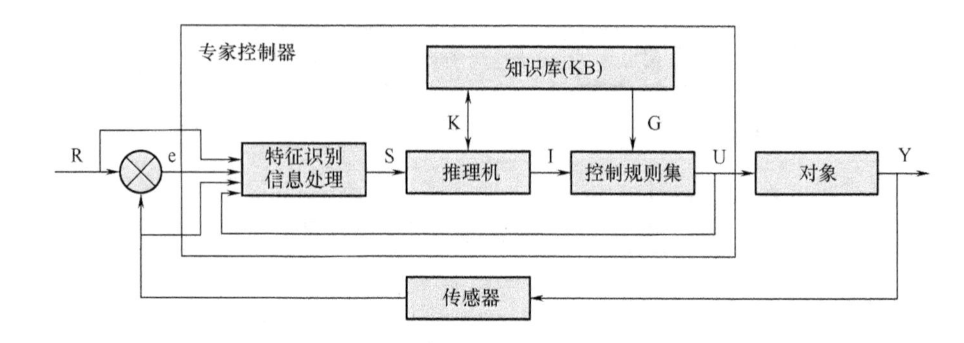

图1-8　专家控制系统结构图

专家控制器(EC)的基础是知识库(KB),KB存放工业过程控制领域的知识,由经验数据库(DB)和学习与适应装置(LA)组成。经验数据库主要存储经验和事实。学习与适应装置的功能就是根据在线获取的信息,补充或修改知识库的内容,改进系统性能,以便提高问题求解能力。

控制规则集(CRS)是对被控过程的各种控制模式和经验的归纳和总结。由于规则条数不多,搜索空间很小,推理机构(IE)就十分简单,采用向前推理方法逐次判别各种规则的条件,满足则执行,不满足就继续搜索。

特征识别与信息处理(FR & IP)部分的作用是实现对信息的提取与加工,为控制决策和学习适应提供依据。它主要包括抽取动态过程的特征信息,识别系统的特征状态,并对特征信息做必要的加工。

专家系统的特点是:①专家系统处理现实世界中提出的需要由专家来分析和判断的复杂问题;②专家系统利用专家推理方法的计算机模型来解决问题,并且如果专家系统所要解决的问题和专家要解决的问题可相比较的话,专家系统应该得到和专家相同的结论。

成功建立一个专家系统的关键是从建立一个较小的系统开始,然后逐渐扩大,使之具有相当规模并可以进行实验。在系统的改进过程中,必须不断地进行实验验证。

建立专家系统可以分为以下几个步骤,但这只是一个粗略的划分,并非所有的专家系统的建立都要经过这几步。

(1)知识库的初步设计,这又包括以下三个主要的步骤。

问题定义:规定目标、约束、知识来源、参加者以及它们的作用。

概念化:详细叙述问题如何分解成子问题,从假设、数据、中间推理来说明每个子问题的组成,以及这些概念化的子问题如何影响可能将要发生的推理过程。

问题的计算机表达:为在概念化阶段中确定了的子问题的各个组成部分选择表达方式。这是第一个要求计算机执行的阶段,在这一阶段中,信息流的研究以及概念和数据的连接将更为完善。

(2)原型的发展和试验。一旦选定了知识表达方法,就可以着手选择整个系统所需知识的原型子集。这个子集的选择是非常关键的,它必须包括有代表性的知识样本,这些知识样本对整个模型来说是有典型意义的,同时又必须足够简单。一旦原型产生了可接受的推理,这个原型就要扩展以包括它必须解释的各种更为详细的问题。然后,用更复杂的情况来进行试验。这些比较复杂的情况,以后将被用作改善知识库时的标准试验集。这些试验的结果一定会对问题的基本组成以及它们之间的关系做出许多调整。

由于专家式控制器在模型的描述上采用多种形式,就必然导致其实现方法的多样性。虽然构造专家式控制器的具体方法各不相同,但归结起来,其实现方法可分为两类:一类是保留控制专家系统的结构特征,但其知识库的规模小,推理机构简单;另一类是以某种控制算法(例如 PID 算法)为基础,引入专家系统技术,以提高原控制器的决策水平。专家式控制器虽然功能不如专家系统完善,但结构较简单,研制周期短,实时性好,具有广阔的应用前景。

1.3.3.2 搜索寻优的方法——遗传算法

遗传算法[23,24]作为一种通用、高效的优化算法,已应用到工程计算的各个领域。在自动控制领域中许多与优化相关的问题需要求解,遗传算法的应用日益增多,并显示出了良好的效果。

用遗传算法解优化问题,首先应对可行域中的个体进行编码,然后在可行域中随机挑选指定群体大小的个体组成第一代群体,作为进化的起点,并计算每个个体的目标函数值,即该个体的适应度。接着就像在自然界中一样,利用选择机制从群体中随机挑选个体作为繁殖过程前的个体样本。选择机制要保证适应度较高的个体能够保留较多的样本,而适应度较低的个体则保留较少的样本,甚至被淘汰。在接下来的繁殖过程中,遗传算法提供了交叉和变异两种算法对挑选后的样本进行交换和基因突变。交叉算法交换随机挑选的两个个体的某些位,变异算法则直接对一个个体中的随机挑选的某一位进行突变。这样通过选择和繁殖就产生了下一代群体。重复上述选择和繁殖过程,直到结束条件达到要求为止。进化过程最后一代中的最优解就是用遗传算法解最优化问题所得到的最终结果。

与其他算法相比,遗传算法主要有4个方面的不同:遗传算法所面向的对象是参数集的编码,而不是参数集本身;遗传算法的搜索是基于若干个点,而不是基于一个点;遗传算法利用目标函数的信息,而不是导数或者其他辅助信息;遗传算法的转化规则是概率性的,而不是确定性的。

遗传算法可以认为是一个进化过程。首先根据具体问题建立评价群体的评价函数。为了测试个体的适应性,可以用评价函数对染色体进行评价,也可以用目标函数的数学公式对染色体进行评价。对遗传算法的描述如下:

步骤1:随机选择 N 个初始点组成一个群体,群体内的每个点称为一个个体,或称染色体。群体内个体的数量 N 就是群体规模。群体内每个染色体必须以某种编码形式表示,编码的内容可以表示染色体的某些特征,随着求解问题的不同,它所表示的内容也不同。通常染色体表示被优化的参数,每个初始个体就表示问题的初始解。

步骤2:按照一定的选择策略选择合适的个体,选择体现"适者生存"的原理,根据群体中每个个体的适应性值,从中选择最好的 M 个个体作为重新繁殖的下一代群体。

步骤3:以事先给定的交叉概率 Pc 在选择出的 M 个个体中任意选择两个个体进行交叉运算或重组运算,产生两个新的个体,重复此过程直到所有要求交叉的个体交叉完毕。交叉是两个染色体之间随机交换信息的一种机制。

步骤4:根据需要,可以以事先给定的变异概率 Pm 在 M 个个体中选择若干个体,并按一定的策略对选中的个体进行变异运算。变异运算增加了遗传算法找到最优解的能力。

步骤5:检验停机条件,若满足收敛条件或固定迭代次数则停止;若不满足条件则转步骤2,重新进行进化过程。每一次进化过程就产生新一代的群体,群体内个体所表示的解经过进化最终达到最优解。其基本处理流程如图1-9所示。

遗传算法和人工智能方法为在线优化整定算法的设计提供了宝贵的思路,但由于其算法的局限性,都无法直接应用到对经典控制算法的改进中去,本书分别借鉴了它们成功的一面。在线优化整定控制算法吸收了专家系统的推理功能,设计了优化器来产生新的控制参数(甚至是控制方法,即更新知识库),同时吸收了遗传算法优胜劣汰的寻优方法,设计了仲裁

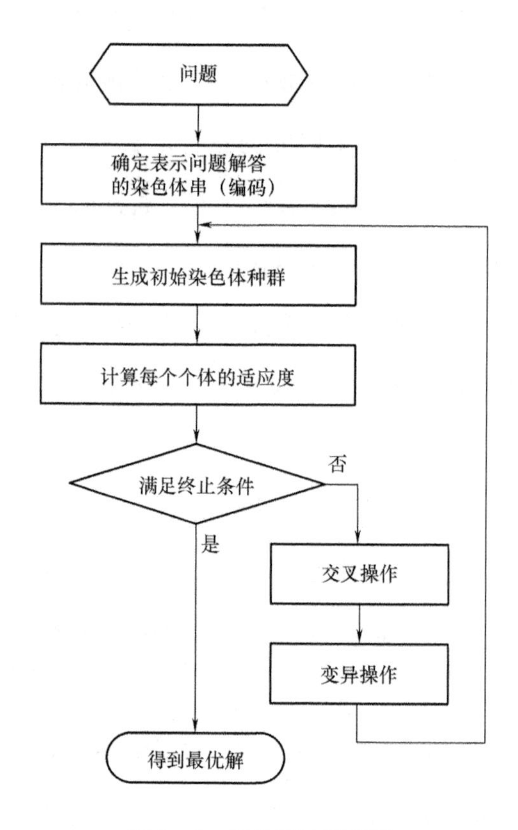

图1-9　遗传算法流程图

器，实现对优化器优化效果的评价、调整和取舍。

对上述两种方法进行分析，对其可行性分析结果归纳如表1-1所示。

表1-1　人工智能方法对比

调研算法	优点（可取）	缺点（不可取）	可借鉴点
专家系统	推理、诊断	无法推理未出现的情况，无法主动寻优	设计优化器，在线更新知识库（控制参数等）
遗传算法	主动寻优、优胜劣汰	寻优算法的“随机性”使得很多生成的样本可能会导致系统不稳定	设计仲裁器，评价、调整和取舍优化器的结果

1.4 本书的主要工作与内容安排

本书的主要工作分为硬件改造和控制方法(算法)改造两方面:前者侧重工程硬件改造,包括系统硬件设计、关键模块实验、工程实施,但并不作为本书的研究重点;后者侧重控制算法的改造,包括控制算法的稳定性、动态性能推导,控制器参数在线优化整定算法设计,控制系统各模块建模,以及数学模型计算机仿真实现,这部分为本书研究的重点。

以下是全书各章内容的安排。

第 1 章(绪论)从工业模拟控制项目中遇到的实际问题出发,通过对国内外文献的调研与分析,研究了控制器参数在线优化整定方法的可行性,通过学习前人对相关领域进行的基础研究,为本书的研究做准备。

第 2 章(控制器参数在线优化整定方法的理论研究)通过对国内外控制器参数在线优化整定方法和算法的理论学习与对比分析,首先确定研究控制器参数在线优化整定方法的整体框架,确定本研究的关键问题和技术路线,并给出研究方法。其次,对与研究相关的普通 PID,数字 PID,模糊控制,专家系统的理论进行了推导,从而提出了本书重点研究的三种 PID 控制器参数在线优化整定方法和具体算法。最后,从理论上推导并给出了对该方法稳定性、稳态误差的分析方法和参数设计方法。

第 3 章(控制器参数在线优化整定方法的计算机仿真研究)根据第 2 章的理论推导的控制器参数在线优化整定方法,分别对基于自适应模糊整定的 PID 参数在线优化整定方法、基于增益式自适应模糊整定的 PID 参数在线优化整定方法、基于专家经验规则表整定的 PID 参数在线优化整定方法给出了具体算法设计、计算机仿真设计,并通过运用计算机仿真得到的阶跃响应分析了各种算法的动态性能。最后通过对比三种算法分析了 PID 参数在线优化整定方法以及普通 PID 控制方法的动态性能和稳定性，并通过控制系统的斜坡响应、加速度响应，分析了系统的稳态误差，验证了第 2 章中关于控制系统稳定性以及动态性能、静态性能的理论分析。

第 4 章（控制器参数在线优化整定方法对实际工程项目的改造）以燕山石化 60 路 PID 温度控制系统改造工程实际为例，在对硬件系统进行改造的基础上，使用 PID 参数在线优化整定方法对原有的普通 PID 控制方法进行改造，并进行对比。对实际系统进行了硬件、算法设计，并进行了联调，达到了第 1 章中提出的项目改造目标，并验证了控制器参数在线优化整定方法的可行性、稳定性、动态性能、稳态性能和控制指标等。

第 5 章（本研究获得的实用新型专利与发明专利）将本研究成果进行知识产权保护，并公布专利全部内容，供相关领域研究者进行参照。

第 6 章（研究评价）总结全书的主要工作和尚未解决的问题，提出下一步研究的方向。

2　控制器参数在线优化整定方法的理论研究

本章通过学习和研究国内外控制器参数在线优化整定方法相关理论，首先提出在线优化整定方法的整体框架，确定本研究的关键问题和技术路线，并给出研究方法。随后对与本研究相关的普通 PID、数字 PID、模糊控制、专家系统的理论进行了推导，从而提出了本书重点研究的三种 PID 控制器参数在线优化整定方法和具体算法。最后从理论上推导并给出了该方法稳定性、稳态误差的分析方法和参数设计方法。

2.1　控制器参数在线优化整定研究方法概述

基于上述背景分析，本章主要从理论上研究控制器参数在线优化整定问题，并找到具体的方法和工具，为实现控制器参数在线优化整定算法计算机和工程改造试验做好准备。

2.1.1　控制器参数在线优化整定方法的整体框架

2.1.1.1　人工智能方法与经典控制实现解决不确定性控制问题的研究

通过对经典控制（确定性控制）方法、不确定性控制方法，以及人工智能寻优方法的研究，总结得到相关结论，如表 2－1 所示。

表2－1　确定性、不确定性控制与人工智能方法优缺点

	优势与特点	不足与问题
确定性控制	控制精确,控制性能好,在工程中应用成熟	无法应对来自内部和外部的不确定性因素的变化
不确定性控制	能够较好地应对来自内部和外部不确定性因素的变化与干扰	对参考模型依赖过高,鲁棒性差
人工智能方法	推理和寻优的能力较强,能够较好地使用工程经验	在控制领域的应用较少,在本研究问题上的参考应用更少

通过表2－1的分析可以看出,这三个研究领域彼此的优点和缺点恰好互补:不确定性控制方法恰好可以弥补确定性控制方法中对来自内部和外部的不确定性因素的变化与干扰无法较好应对的缺陷;人工智能方法通过推理和全局寻优的特点弥补了不确定性控制方法对参考模型的依赖;确定性控制方法在工程应用中较为成熟,可以作为人工智能方法应用于工程实践的基础,甚至可以直接作为人工智能控制算法改造的原始算法,即基算法。本书将被人工智能方法改造的经典控制算法的控制器称为基控制器。

确定性控制算法的核心是控制参数(知识库),人工智能方法推理的结果是知识库(控制参数),利用这两类方法的起点和终点恰好重合的特点,将经典控制方法和人工智能方法相结合,形成利用人工智能方法改造的经典控制方法,其雏形如图2－1所示。可以看出,经典控制方法的核心是设计和配置知识库,而人工智能方法的重点则是研究如何通过推理、计算得到并完善知识库。因此,将这两个领域的方法结合起来,知识库(控制参数)就成为这两个方法的交汇点,从而得到如图2－1所示的在线优化整定算法雏形,于是可以使用人工智能的方法解决控制器参数优化整定问题。

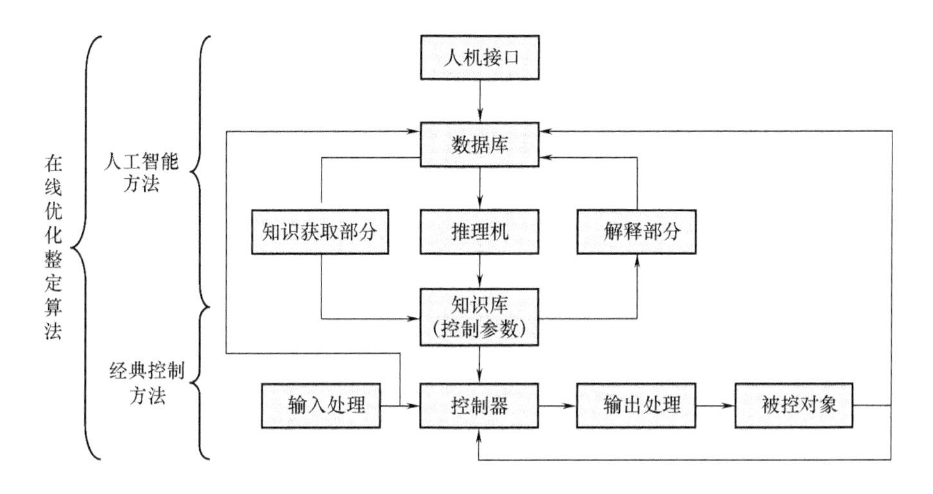

图 2－1　控制参数在线优化整定算法框架雏形

图 2－1 体现的是在线优化整定算法的雏形，即在经典的控制算法的基础上，加上人工智能中的推理机制，对系统运行过程中的输入和输出结果进行推理、优化、评价、筛选，将更好的知识(控制参数的值)存入知识库(更新当前控制参数)，实现控制系统参数的在线实时优化整定。

在线优化整定方法与确定性控制、不确定性控制和人工智能方法的关系是：用不确定性控制方法和控制器结构，将确定性控制方法和人工智能方法结合在一起。

2.1.1.2　控制器参数在线优化整定方法整体概述

人工智能方法的核心是建立推理优化计算机制。推理优化计算机制的主要工作有两类：第一类是推理、优化；第二类是评价、筛选。因此，人工智能方法对经典控制方法改造，实现在线参数的优化整定，就需要在基控制算法上添加一个或两个重要环节——优化器、仲裁器。优化器和仲裁器均可以使用根据需求新设计的算法，也可以使用经典的人工智能、智能控制算法。例如,优化器可以采用模糊控制器、神经网络控制器、优化函数等,而配合优化器的仲裁器,可以采用遗传算法、启发式搜索算法、专家经验取舍方法等。

在开始研究控制器参数在线优化整定方法之前,要明确几个概念。首先,在线优化整定问题只是一类问题的统称,在线优化整定方法是解决在线优化整定问题的方法的统称,不是一种具体算法。在线优化整定方法中的一个实现——在线优化整定算法,可以用下列式子形象地描述:

在线优化整定算法 = 基算法(PID 等) + 优化器(+ 仲裁器)

其中,仲裁器是可选的。每部分包括了具体的算法,有些算法是前人已经提出的,有些算法是改进前人已有的,有些算法是根据实际情况提出的新算法。因此,在线优化整定方法就像智能控制方法一样,属于解决一类方法的统称,而不是具体的一个算法,在线优化整定方法有可能借鉴了现有算法。

在线优化整定方法的框架如图 2 - 2 所示,主要包括 8 个部分,这 8 个部分可以分为三类:第一类为经典控制系统的输入、控制器、被控对象和系统的输出;第二类为经典控制系统与人工智能推理系统的接口——知识库(控制参数库);第三类为人工智能方法中的数据库和推理机(推理机可以分为优化器和仲裁器两个部分)。

(1)控制器。控制器保存了经典控制算法(PID、模糊、神经网络等)的原貌,在算法中基算法的步骤、内容不变,依然起核心作用,只是它在系统运行过程中将会实时从知识库中取出最新的控制参数。在不同的应用中,基算法控制器可以是 PID、模糊、神经网络控制器等。

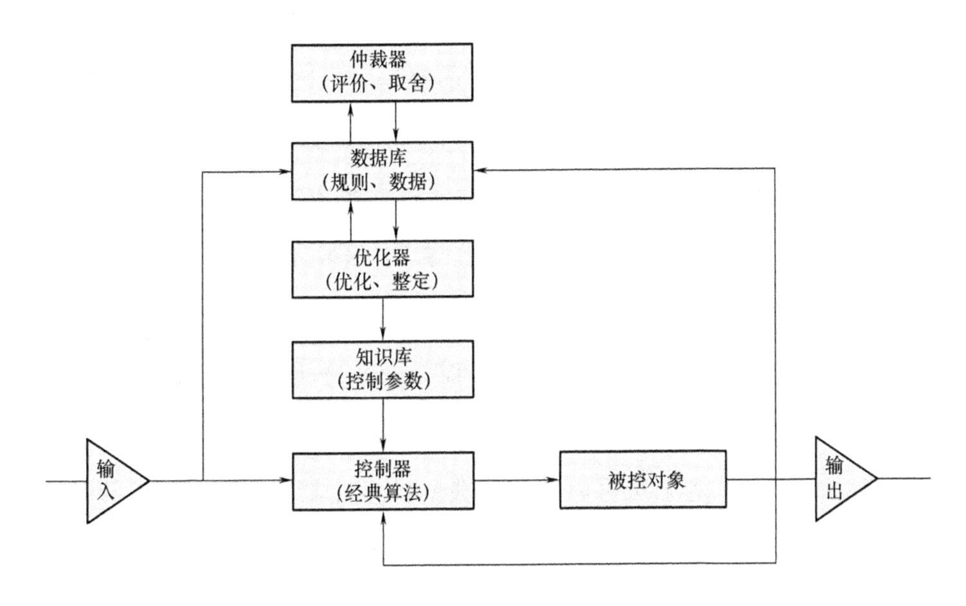

图 2 – 2　控制参数在线优化整定算法框架

（2）知识库（控制参数）。知识库（知识库是人工智能中的概念，与控制系统对接时，知识库指的就是存放控制参数的变量、内存区）中保存着控制器在系统运行过程中每一时刻采用的控制参数。对于 PID 控制器来说，知识库中的参数就是 K_p，K_i，K_d；对于模糊控制来说，知识库中存储的就是隶属度函数及参数；对于神经网络控制来说，知识库中存储的就是训练样本。这就是说，知识库中存储的是系统运行前工程师凭借经验和历次现场调试的结果给出的初值，在系统运行后优化器会实时更新这些参数值。

（3）数据库。数据库保存三类信息，有三个主要的作用。

一是用于保存上述经典控制算法控制器的控制性能指标和参数初始值，如各种控制系统的目标值、上升时间、超调量以及稳态误差的性能要求，又如，在 PID 算法中用到的比例系数 K_p，积分系数 K_i 和微分系数 K_d。在模糊控制中，数据库保存隶属度表中的信息；在神经网络控制中，数据库保存训练样本，以供控制器基算法使用。

二是数据库采集并存储系统运行后实时的输入和输出，为优化器和仲裁器的计算提供两类数据支持：一是上述控制目标、性能指标和控制规则；二是参与优化整定计算的控制系统输入、输出实时数据。

三是控制参数库中保留在线优化整定的参数和输入输出的历史数据，这些参数可以被提取出来用于分析系统与工作环境的关系、系统本身的特点和算法效果。

(4)优化器。优化器可以根据运行结果及其特征值，例如上升时间 Tr、平稳时间 Ts 和超调量 Mp 等和控制参数库中的参数，推理、计算出新的控制参数。推理计算的方法可以采用经典的模糊控制器、神经网络、专家规则。也可以根据实际需要，设计相应的推理优化计算公式。

例如，可以设计 C_{new} 表示优化器产生的新的控制量，C_{old} 表示上一次的控制量，令优化计算公式为 $C_{new} = C_{old} \times K_{aec}$，$-2 < K_{aec} < 2$，其中 K_{aec} 表示修正强度，控制器根据每次控制结果来调整参数，它由新的控制效果(性能指标或目标值)与旧的控制效果相比较的结果所决定，比较的结果即为下文所述的仲裁器给出的评价参数 A_{aec}、E_{aec} 决定的修正强度 $K_{aec} = A_{aec} \times |K_{aec}| \times (1 + E_{aec})$。

(5)仲裁器。仲裁器通常情况下是配合优化器设计的，系统中也可以只有优化器而没有仲裁器。仲裁器常常通过评价函数建立起优胜劣汰的机制，将知识库中保存的新、旧控制效果(性能指标或目标值)进行比较，从而决定新的控制量的取舍。如果新的控制效果比旧的控制效果好，就用新的控制参数代替旧的控制参数，并标记控制效果被接受，例如，标记控制效果 $A_{aec} = 1$ 为接受；如果新的控制效果比旧的控制效果差，就保留旧的控制参数，例如，标记控制效果 $A_{aec} = -1$ 为拒绝。仲裁器能记录控制效果改善的程度，例如，令 $E_{aec} = \frac{|Tr_{new} - Tr_{old}|}{Tr_{old}} \times 100\%$ 表示控制效果改善的程度。

这里均以缩小上升时间为例，Tr_{old} 表示在预测器生成新的控制量 C_{new} 以前，系统运行时的上升时间；而 Tr_{new} 表示在预测器生成新的控制量 C_{new} 之后，系统运行时的上升时间。

在线优化整定算法的运行过程如图 2－3 所示。在系统运行过程中，根据前一个优化周期的结果，调整本周期的控制参数，得到新的运行结果。在仲裁周期到来时，仲裁器对本优化周期运行结果的好坏和好坏程度进行评价，从而决定本仲裁周期过程中做出的优化取舍，为下一周期的优化做准备。

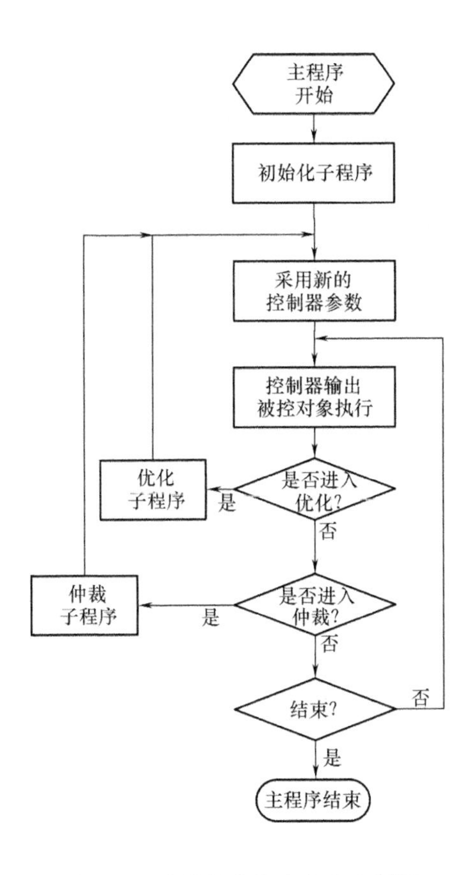

图 2－3　在线优化整定方法流程图

系统经过持续反复运行、优化和仲裁,其性能指标和控制效果都会得到改进,从而在保证系统稳定的前提下,实现对参数的优化。其中,优化器可以通过专家经验规则表、模糊控制器、神经网络控制器、优化计算函数等方法实现。仲裁器依据具体应用,根据评价函数、启发式搜索等仲裁规则,决定在仲裁周期内,优化结果的取舍,并得出表征优化量改变的趋势和程度参数。仲裁结果既是对优化结果的定性判断(取舍),又是对优化结果的定量计算。

2.1.1.3 控制器参数在线优化整定方法的框架

通常情况下,控制器参数在线优化整定方法仲裁器工作周期 T_D,优化周期 T_O 和控制系统的采样周期 T_S 之间存在着以下关系:

$$T_D = n \cdot T_O = n \cdot m \cdot T_S \quad (n,m \in \mathrm{N}^+) \tag{2-1}$$

从控制器参数在线优化整定方法的框图、流程图和周期关系表达式中均可以得出如下结论:系统可以如下三种形式存在,并独立运行。

一是经典控制系统(闭环),如,PID 控制、模糊控制等;

二是经典控制系统(内层闭环)+优化机制(外层闭环)构成的双闭环,例如,本书中将重点研究的 PID 参数在线优化整定控制系统;

三是经典控制系统(内层闭环)+优化机制(中间层闭环)+仲裁机制(外层闭环)构成的三重闭环,这类算法不仅能够在线优化整定参数,而且能够实现对整定的参数进行评价,进而实现优胜劣汰。

对于第一种形式,目前已经有非常完备的控制理论体系和研究;对于第三种形式,笔者通过基于遗传算法的 PID 参数在线优化整定算法和基于启发式搜索算法的时变比例控制优化整定算法,进行了 Matlab 仿真试验,发现这种方法存在着优化计算时间过长、对参考模型过于依赖两个主要问题,且这两个问题尚未得到很好解决,受本书篇幅限制,没有进行展开讨论;对于第二种形式,本书做了一定的初步研究,第二种形式的控制器参数在线优化整定方法的框图如图 2 -4 所示。

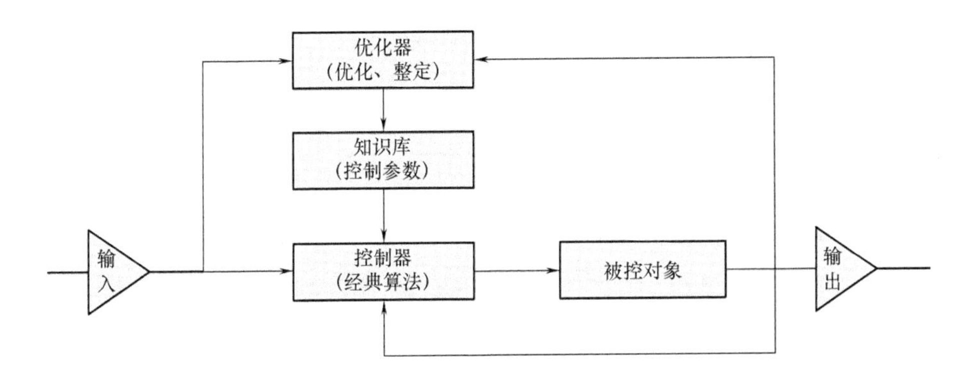

图 2 -4 只有优化机制的控制器参数在线优化整定系统的框图

由于本研究源自实际工程,因此本书研究控制器参数在线优化整定方法时,即选择原工程采用的 PID 控制算法作为控制器参数在线优化整定算法的基算法。对照一般的控制器参数在线优化整定系统框图(见图 2 -4),给出 PID 控制器参数在线优化整定系统框图(见图 2 -5)。

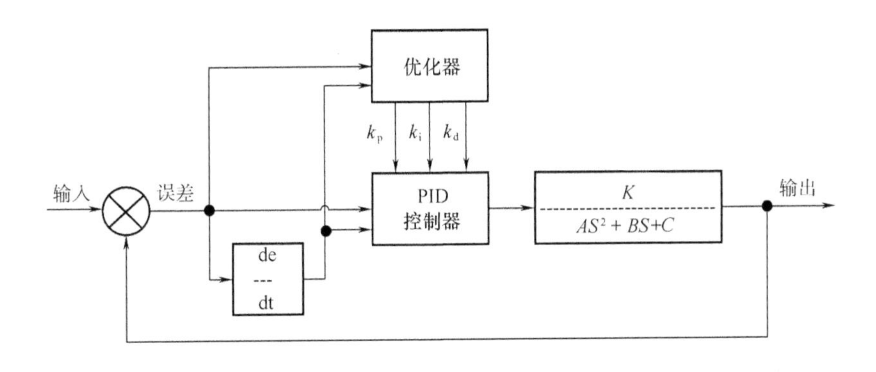

图 2 -5 PID 控制器参数在线优化整定系统框图

2.1.2 拟合的关键问题与研究路线

针对上述分析,本节将重点研究上述研究过程中可能会遇到的关键问题并进行提取,提出研究路线,如表 2-2 所示。

表 2-2 拟合的关键问题与研究路线

	关键问题	研究路线
1	控制器参数在线优化整定控制系统的数学模型的建立	使用传递函数建模方法,从实域微分方程到频域传递函数的方法对控制器、控制对象建立数学模型
2	本研究涉及的相关理论方法的研究	对 PID 控制算法和模糊控制算法、专家系统进行数学推导
3	1、2 中所述的数学模型和经典理论方法的计算机仿真实现	将 1、2 中所述的数学模型和推导进行离散化,使能够通过 Matlab 编程的方法实现
4	控制器参数在线优化整定控制系统的稳定性研究、分析方法	采用理论推导和 Matlab 仿真的两种方式,推理和验证
5	控制器参数在线优化整定控制系统的稳态性能的研究、分析方法	采用理论推导和 Matlab 仿真的两种方式,推理和验证
6	控制器参数在线优化整定控制方法对燕山石化 60 路 PID 温控系统的实际项目改造,方法的选择、设计和实施	采用 Matlab 仿真的方式,对不同方法仿真结果进行分析、对比和评估;搭建硬件环境,实施所选方法,并分析结果

2.1.3 控制系统建模分析方法和计算机仿真方法概述

研究控制器参数在线优化整定实际工程问题,首先要借助数学建模的方法,并借助计算机对建立的数学模型进行求解,得到并分析计算结果。如果计算机仿真结果可行,工程设计人员便可以吸取计算机仿真过程中对参数设置和控制系统性能实验的调试经验,并将算法移植到实际工程中去。

Matlab 计算机仿真[25,26]工具是一个高级的数学分析与运算软件，可以用作动态系统的建模与仿真，它非常适用于矩阵的分析与运算。Matlab 是一个开放的环境，在这个环境下，人们开发了许多具有特殊用途的工具箱软件，目前已开发了 30 多个工具箱，如控制系统、信号处理、最优控制、鲁棒控制及模糊控制等。本书涉及的理论研究、试验、仿真、分析主要通过 Matlab 工具来实现。

Matlab 对控制系统的仿真主要有三种形式，如表 2－3 所示。

表 2－3　Matlab 控制系统仿真方法比较

	Simulink	S－函数	M－文件
简述特点	以模块拖拽、连接组态方式为主	编写模块程序，相当于 Simulink 的模块	编写控制系统的每一个环节，纯代码形式
优点	直观、易学，只需设置参数，无须编程	只需编写局部自创的新算法函数，灵活	十分灵活，很多工具箱支持，计算速度快
缺点	对于自创的新算法、新模型无能为力	接口受 S－函数限制，算法受其他模块限制	对数学模型、仿真编程要求高、难度大
主要应用	常见控制方法、被控对象组成的系统仿真	改动较少的常见控制系统的算法仿真试验	特殊的和改动比较大的控制系统仿真

通过上述对比分析可以看出，上述三种 Matlab 控制系统仿真的方法关系如下：Simulink 的方法是最简单的图形组态仿真方法，适用于初学者和标准模块构成的系统建模；M－文件方法需要全部用 Matlab 语言编程，实现较为复杂但专业、灵活；S－函数的方法则介于两者之间，既发挥了 Simulink 方法的直观和易操作特性，又由于局部使用了 Matlab 语言编写程序，实现了自创或改进算法的设计。

本书研究方法的算法复杂度较高，计算空间、时间复杂度较高，对计算速度有很高的要求，而且本研究的方法比较特别，与标准系统模块差别较大，特别是本研究需要对控制系统的多个模块进行底层程序的修改，因此，本书的研究选择了较为复杂但更加专业、编程更加灵活的纯 Matlab 语言 M－文件编程方法。

控制系统的计算机仿真要解决以下 6 个问题，这也是本书将重点解决的问题，本章分 6 个小节分别对每个问题进行理论推导和程序设计研究。

（1）基控制器的数学建模及将离散化为程序可以实现的模型。

（2）优化器的数学建模及将离散化为程序可以实现的模型。

（3）被控对象的数学建模及将离散化为程序可以实现的模型。

（4）控制器参数在线优化整定控制系统的程序设计。

（5）控制系统稳定性分析推导及计算机仿真分析实现。

（6）控制系统稳态性能分析推导及计算机仿真分析实现。

2.2 普通 PID 控制与数字 PID 控制

2.2.1 PID 控制方法概述

在模拟控制系统中，控制器最常采用的控制方法是 PID 控制。模拟连续时间 PID 控制系统框图如图 2－6 所示。

图中 $D(s)$ 为控制器。在 PID 控制系统中，$D(s)$ 完成 PID 控制规律计算，称为 PID 控制器。PID 控制器是一种线性控制器，将输出量 $y(t)$ 和给定量 $r(t)$ 之间的误差的时间函数 $e(t) = r(t) - y(t)$ 的比例与积分、微分结果进行线性组合，构成控制量 $u(t)$，称为比例、微分、积分控制，简称 PID

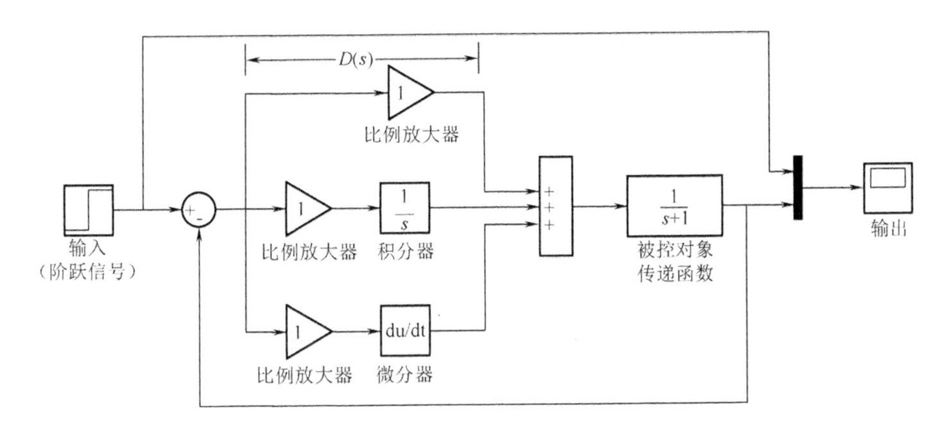

图 2－6 PID 控制系统框图

控制。可以用式 2－2 表示。

$$u(t) = K_P \cdot (e(t) + \frac{1}{T_I} \cdot \int_0^t e(t)\mathrm{d}t + T_D \cdot \frac{\mathrm{d}e(t)}{\mathrm{d}t}) \qquad (2-2)$$

式中，K_P 为比例放大系数，T_I 为积分时间，T_D 为微分时间。

为了描述方便，通常令

$$K_i = \frac{K_P}{T_I} \qquad (2-3)$$

$$K_d = K_P \cdot T_D \qquad (2-4)$$

则式 2－1 可以改写为式 2－5 的形式。

$$u(t) = K_P \cdot (e(t) + \frac{1}{T_I} \cdot \int_0^t e(t)\mathrm{d}t + T_D \cdot \frac{\mathrm{d}e(t)}{\mathrm{d}t}) \qquad (2-5)$$

(1)比例系数 K_p 的作用是加快系统的响应速度，提高系统的调节精度。K_p 越大，系统的响应速度越快，系统的调节精度越高，但易产生超调，甚至会导致系统不稳定。K_p 取值过小，则会降低调节精度，使响应速度缓慢，从而延长调节时间，使系统静态、动态特性变差。

(2)积分作用系数 K_i 的作用是消除系统的稳态误差。K_i 越大，系统的静态误差消除越快，但 K_i 过大，在响应过程的初期会产生积分饱和现象，从而引起响应过程的较大超调。若 K_i 过小，将使系统静态误差难以消除，影响系统的调节精度。

(3)微分作用系数 K_d 的作用是改善系统的动态特性,其作用主要是在响应过程中抑制偏差向任何方向的变化,对偏差变化进行提前预报。但 K_d 过大,会使响应过程提前制动,从而延长调节时间,而且会降低系统的抗干扰性能。

比例控制能迅速反映误差,从而减小稳态误差。但是,比例控制不能消除稳态误差。比例放大系数的加大,会引起系统的不稳定。积分控制的作用是,只要系统有误差存在,积分控制器就不断地积累,输出控制量,以消除误差。因而,只要有足够的时间,积分控制将能完全消除误差,使系统误差为零,从而消除稳态误差。但积分作用太强会使系统超调加大,甚至使系统出现振荡。微分控制可以减小超调量,克服振荡,使系统的稳定性提高,同时加快系统的动态响应速度,减小调整时间,从而改善系统的动态性能。应用 PID 控制,必须适当地调整比例放大系数 K_p ,积分时间 K_i 和微分时间 K_d ,使整个控制系统得到良好的性能。

数字控制系统中,PID 控制器是通过计算机 PID 控制算法程序实现的。计算机直接数字控制系统大多数是采样—数据控制系统。连续时间信号,必须经过采样和整量化变成数字量,方能进入计算机的存储器和寄存器,而在数字计算机中的计算和处理,不论是积分还是微分,只能用数值计算去逼近。计算机控制是一种采样控制,它只能根据采样时刻的偏差值计算控制量。因此,在数字计算机中,PID 控制规律的实现,也必须用数值逼近的方法。当采样周期相当短时,用求和代替积分,用差商代替微商,使 PID 算法离散化,将描述连续—时间 PID 算法的微分方程,变为描述离散—时间 PID 算法的差分方程。数字 PID 仿真算法主要有两种,分别为位置式数字 PID 仿真算法和增量式数字 PID 仿真算法。

2.2.2 位置式数字 PID 控制算法

如式 2-6,模拟 PID 控制输出计算公式,以一系列的采样时刻点 kT 代表连续时间 t,以矩形法数值积分,则有:

$$\int_0^t e(t)\mathrm{d}t \approx T\sum_{j=0}^{k} e(jT) = T\sum_{j=0}^{k} e(j) \tag{2-6}$$

以一阶后向差分近似代替微分,则有:

$$\frac{\mathrm{d}e(t)}{\mathrm{d}t} \approx \frac{e(kT) - e((k-1)T)}{T} = \frac{e(k) - e(k-1)}{T} \tag{2-7}$$

将式 2-6、式 2-7 代入式 2-2,则有:

$$\begin{aligned} u(k) &= k_P(e(k) + \frac{T}{T_I}\sum_{j=0}^{k} e(j) + \frac{T_D}{T}(e(k) - e(k-1))) \\ &= k_P(e(k) + k_i\sum_{j=0}^{k} e(j)T + k_d\frac{e(k) - e(k-1)}{T}) \\ &= k_P(e(k) + k_i\sum_{j=0}^{k} e(j) + k_d(e(k) - e(k-1))) \end{aligned} \tag{2-8}$$

式中, $k_i = \dfrac{T}{T_I}$, $k_d = k_pT_D$, T 为采样周期, $k(k = 1,2,\cdots)$ 为采样序号, $e(k-1)$ 和 $e(k)$ 分别为第 $k-1$ 和第 k 时刻所得的偏差信号。式 2-8 是数字 PID 算法的非递推形式,称全量算法。算法中为了求和,必须将系统偏差的全部过去值 $e(i)(i = 1,2,3,\cdots,k)$ 都存储起来。算法得出控制量的全量(不是变化量)输出 $u(k)$,是控制量的绝对数值。在控制系统中,这种控制量确定了执行机构的位置,例如在阀门控制中,这种算法的输出对应了阀门的位置(开度),所以将这种算法称为"位置算法"。

2.2.3 增量式数字 PID 控制算法

当执行机构需要的不是控制量的绝对值,而是控制量的增量(例如驱动步进电动机)时,需要用 PID 的“增量算法”。

根据位置式数字 PID 控制算法得到的离散 PID 表达式 2－8,则 $k-1$ 时刻的控制量:

$$
\begin{aligned}
u(k-1) &= k_P\left(e(k-1) + k_i\sum_{j=0}^{k-1} e(j)T + k_d\frac{e(k-1)-e(k-2)}{T}\right) \\
&= k_P\left(e(k-1) + k_i\sum_{j=0}^{k-1} e(j) + k_d(e(k-1)-e(k-2))\right)
\end{aligned}
\qquad (2-9)
$$

由式 2－8 和式 2－9 得控制量增量 $\Delta u(k)$:

$$
\begin{aligned}
\Delta u(k) &= u(k) - u(k-1) \\
&= k_P(e(k)-e(k-1)) + k_i \cdot e(k) + \\
&\quad k_d \cdot (e(k) - 2\cdot e(k-1) + e(k-2))
\end{aligned}
\qquad (2-10)
$$

式 2－10 称为增量式 PID 算法,对其做归并处理后,得:

$$\Delta u(k) = q_0 \cdot e(k) + q_1 \cdot e(k-1) + q_2 \cdot e(k-2) \qquad (2-11)$$

其中

$$
\begin{cases}
q_0 = K_P \cdot \left[1 + \dfrac{T_S}{T_I} + \dfrac{T_D}{T_S}\right] \\
q_1 = -K_P \cdot \left[1 + 2\cdot\dfrac{T_D}{T_S}\right] \\
q_2 = K_P \cdot \dfrac{T_D}{T_S}
\end{cases}
\qquad (2-12)
$$

式 2－11 已经无法看出 PID 的表达式了,也无法看出 P,I,D 的作用关系,只表示了各次误差量对控制作用的影响。从式 2－11 看出,数字增量式 PID 算法,只要存储最近的三个误差采样值 $e(k)$、$e(k-1)$、$e(k-2)$ 就足够了。

数字 PID 应用于实际项目中和计算机仿真中的算法流程图如图 2－7 所示。区别是:在实际项目中采样值 $y(k)$ 来自 A/D 转化的结果,而输出

$u(k)$ 则经过 D/A 转化送给执行器(被控对象)。在数字 PID 控制系统仿真中采样值 $y(k)$ 来自对被控对象差分方程的计算,而输出 $u(k)$ 则赋予差分方程的差分量用于计算下一个周期的 $y(k+1)$ 。

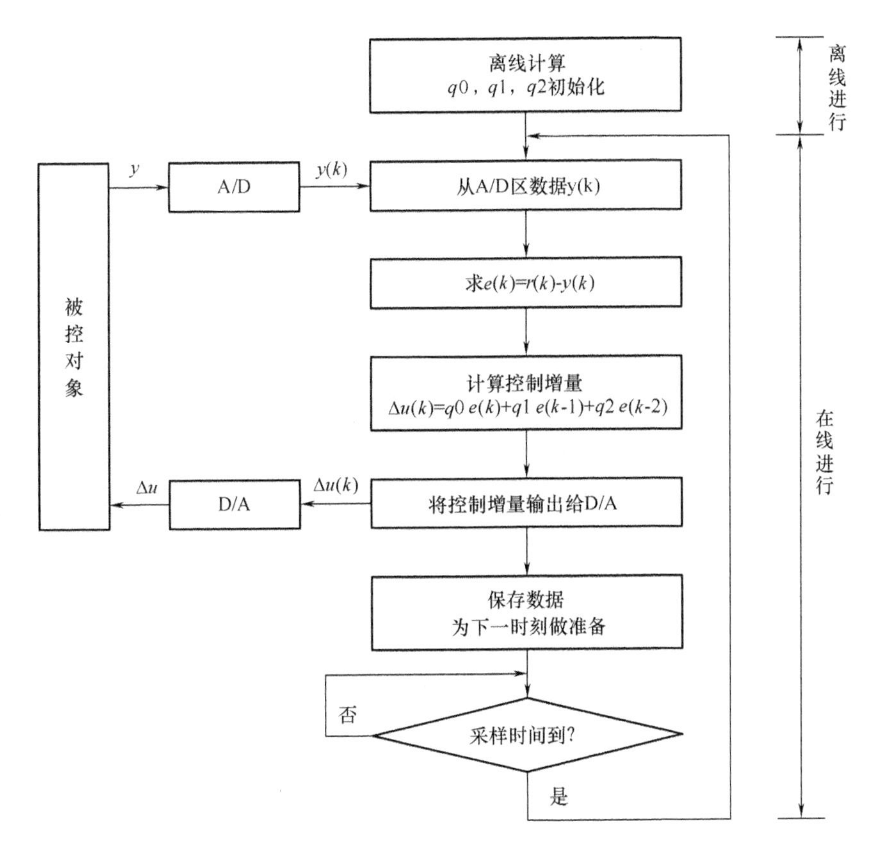

图 2－7　增量式数字 PID 算法流程图

2.3　模糊控制理论与控制器参数优化整定方法

2.3.1　模糊控制理论概述

无论采用经典控制理论还是现代控制理论设计一个控制系统,都需要事先知道被控制对象(或生产过程)精确的数学模型,然后根据数学模型以及给定的性能指针,选择适当的控制规律,进行控制系统设计。然而,在许多情况下被控对象(或生产过程)的精确数学模型很难建立。例如,有些对象难以用一般的物理和化学方面的规律来描述,有的影响因素很多,而且互相之间又有交叉耦合,使其模型十分复杂,难于求解以至于没有实用价值。还有一些生产过程缺乏适当的测试手段,或者测试装置不能进入被测试区域,致使无法建立过程的数学模型。像建材工业生产中的水泥窑、玻璃窑,化工生产中的化学反应过程,轻工生产中的造纸过程,食品工业生产中的各种发酵过程。还有为数众多的炉类,如炼钢炉的冶炼过程,退火炉温控制过程,工业锅炉的燃烧过程,等等。诸如此类的过程的变量多,各种参数又存在不同程度的时变性,且过程具有非线性、强耦合等特点,因此建立这一类过程的精确数学模型困难很大,甚至是办不到的。这样一来,对于这类对象或过程就难以进行自动控制。

总结人的控制行为,正是遵循回馈及回馈控制的思想。人的手动控制决策可以用语言加以描述,总结成一系列条件语句,即控制规则。运用计算机的程序来实现这些控制规则,计算机就起到了控制器的作用。于是,利用计算机取代人可以对被控对象进行自动控制。在描述控制规则的条件语句中的一些词,如"较大""稍小""偏高"等都具有一定的模糊性,因此用模糊集合来描述这些模糊条件语句,就组成了所谓的模糊控制器。

2.3.2 模糊控制理论

模糊逻辑控制器(fuzzy logic controller)简称为模糊控制器(fuzzy controller),因为模糊控制器的控制规则是基于模糊条件语句描述的语言控制规则,所以模糊控制器又称为模糊语言控制器。模糊控制器的设计包括以下几项内容：

步骤1，确定模糊控制器的输入变量和输出变量（即控制量）；

步骤2，设计模糊控制器的控制规则；

步骤3，确定模糊化和非模糊化（又称清晰化）的方法；

步骤4，选择模糊控制器的输入变量及输出变量的论域并确定模糊控制器的参数（如量化因子、比例因子）；

步骤5，设置模糊控制算法的采样时间；

步骤6，合理选择模糊控制算法的采样时间。

模糊控制器设计的几个关键环节分别为：模糊控制器的结构设计、输入输出变量的模糊化、建立模糊控制规则、模糊推理、模糊量的清晰化、建立模糊控制表。

2.3.2.1 模糊控制器的结构设计

确定模糊控制器的结构是设计模糊控制器的第一步，所谓"结构"设计是指确定哪些变量作为模糊控制器的输入变量和输出变量。

根据经验，一般选取误差和误差的变化量两个量作为模糊控制器的输入变量，选取控制量的变化作为模糊控制器的输出变量。通常按输入变量的个数将模糊控制器分为一维、二维和三维三种类型。模糊控制器最简单的实现方法是将一系列模糊控制规则离线转化为一个查询表（又称为控制表），存储在计算机中供在线控制时使用。这种控制器结构简单，使用方便，是最基本的一种形式。由于一维模糊控制器的输入变量只有一个误差量输入，系统的动态性能不佳，但是模糊控制器的维数过高会使模糊控制规则过于复杂，控制算法的实现困难。因此，目前人们广泛采用二维模糊控制器。如果将误差 e 和误差变化率 ec 作为模糊控制器的输入，把优化整定后的 PID 参数 K_p，K_i，K_d 作为模糊控制器的输出，则可以得到如图 2－8

所示的模糊控制器,作为本研究的优化器。有时也可以根据实际情况选取其他量作为模糊控制器的输入量,如在车辆控制中,常常取车体纵轴线与路径中心线的位置偏差和方向偏差作为模糊控制器的输入变量。

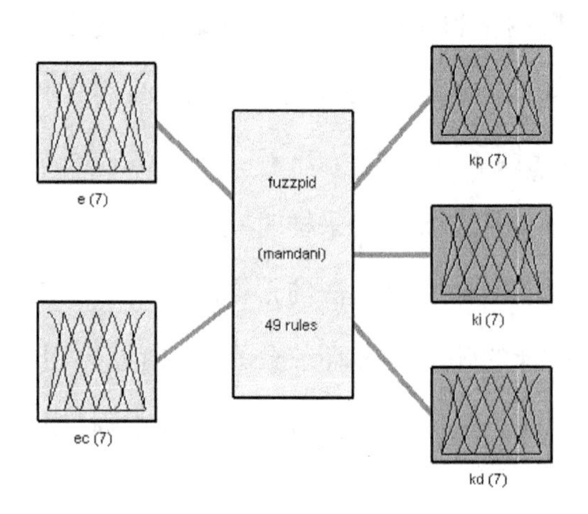

图2-8　模糊控制器结构图

2.3.2.2　输入输出变量的模糊化

将输入变量的精确量(数字量)转化为模糊量的过程称为模糊化。模糊控制器的输入(输出)必须通过模糊化(去模糊化)才能用于控制输出的求解,因此实际上它是模糊控制器的输入接口。其主要功能是将真实的确定量输入转换为一个模糊矢量。模糊化的一般方法是将精确量离散化为几个档次,每一档用一个模糊语言变量描述,对应一个模糊子集,对论域上的各个模糊子集作了具体定义后,就可以实现精确量的模糊化了。

实现模糊化的具体过程分为以下两步。

(1)将精确量从其基本论域转换到模糊集论域。设输入或输出变量(精确量)的基本论域为$[-X,X]$(表示精确量的实际变化范围),取其模糊集论域为$\{-n, -n+1,\cdots 0\cdots,n-1,n\}$,则可求得精确量模糊化的量化因子为:

$$K = \frac{n}{X} \tag{2-13}$$

基本论域的某一具体值 x，只要乘以量化因子 K 就可以实现从基本论域到模糊集论域的转换。

(2)定义各模糊语言变量对应的模糊子集。定义模糊子集实际上是确定模糊子集隶属度函数曲线的形状。将确定的隶属度函数曲线离散化，就得到了有限点上的隶属度函数，从而构成了相应模糊变量的模糊子集。

通常采用 Zadeh 表示法来表示：

用论域中的元素 x_i 与其隶属度 $\mu_A(x_i)$ 按式 2－14 表示 A，则

$$A = \frac{\mu_A(x_1)}{x_1} + \frac{\mu_A(x_2)}{x_2} + \cdots + \frac{\mu_A(x_n)}{x_n} \tag{2-14}$$

式中，$\mu_A(x_i)/x_i$ 并不表示"分数"，而是表示论域中的元素 x_i 与其隶属度 $\mu_A(x_i)$ 之间的对应关系；"＋"也不表示"求和"，而是表示模糊集合在论域 U 上的整体。在 Zadeh 表示法中，隶属度为零的项可不写入。

如图 2－9 所示，图中有三个隶属度函数曲线，中间的是三角形隶属度函数曲线，模糊集论域 X 中的元素对某一模糊元变量 A 的隶属度分析如下。

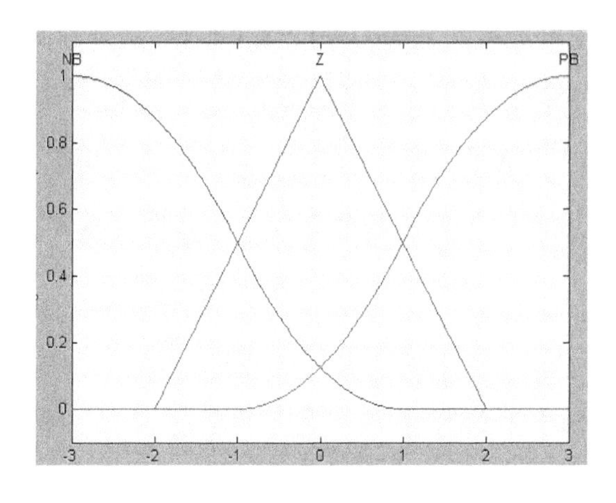

图 2－9　隶属度函数图

以图 2－9 中三角形隶属度函数曲线图为例，对某一模糊语言变量 A 的隶属度分析如下：

设 $x=\{-2,-1.5,-1,-0.5,0,0.5,1,1.5,2\}$，则可得 A 的模糊子集为

$$A=\frac{0}{-2}+\frac{0.25}{-1.5}+\frac{0.5}{-1}+\frac{0.75}{-0.5}+\frac{1.0}{0}+\frac{0.75}{0.5}+\frac{0.5}{1}+\frac{0.25}{1.5}+\frac{0}{2} \quad (2-15)$$

一般来说，在模糊化时，n 取得越大，系统的控制精度越高，但过大的 n 反会使某些信息丢失，不仅体现不出模糊量的长处，而且会大大增加控制算法的复杂性。因此，一般情况下 n 常取为 4，6，8 等，同时模糊输出变量的模糊子集的个数取为 5，7，8 等。

2.3.2.3 建立模糊控制规则

模糊控制规则基于手动控制策略，而手动控制策略是人们通过学习、实验长期时间积累形成的。建立模糊控制规则实际上就是利用程序语言归纳手动控制规则。每一条控制规则一般都可以利用模糊条件语句加以描述，例如：

IF E is NB and EC is NB, Then U is PB;

（表示如果误差是负大且误差的变化率是负大，则控制量为正大）

利用模糊集合理论和语言变量的概念，可以把利用模糊条件句归纳的模糊控制规则上升为数值运算。如上述的条件语句可以表示为从误差和误差变化率的论域 X 和 Y 到控制量论域 Z 的模糊关系 R。

$$R=NB_E\times NB_{EC}\times PB_U \quad (2-16)$$

式中 NB_E、NB_{EC}、PB_U 为模糊子集，“×”表示模糊直积运算。由于在实际控制中，XYZ 的论域都是由有限元素组成的，故 R 一般都用矩阵表示。

2.3.2.4 模糊推理

确定的输入变量经模糊化处理为相应的输入模糊量后，按照模糊关系

R 推理合成可得到模糊控制量。例如,若已知误差 E 的模糊集 e ,则有模糊推理的合成算法可得控制量的模糊集 U 为:

$$u = e \circ R \tag{2-17}$$

式中,"$\circ$"代表模糊合成运算。

一般采用最小最大合成运算进行模糊推理合成,其过程可表示为(以二维形式的模糊推理为例):

(1)已知前提"X_0 和 Y_0",建立的各模糊规则为:

If A is A_i and B is B_j , Then C_{ij} 　($i = 1,2,3...m;j = 1,2,3...n$)

则首先应用模糊交算子(取小运算)确定每条规则的前提为真的程度(即整个前提的隶属度为真),然后应用模糊蕴含算子(常采用最小运算)可推理得到每条规则的结论为真的程度(即每条规则的结论的隶属度为真),其最后的推理结果 C_{ij} 可表述为:

$$u_{Cij} = [u_{Ai}(X_0) \wedge u_{Bj}(Y_0)] \wedge u_{Cij}(Z) \tag{2-18}$$

式中,"$\wedge$"表示取小运算; $u_{Ai}(X_0)$ 表示 X_0 对模糊子集 A_i 的隶属度,其余依此类推,下同。

(2)应用模糊并算子(取大运算)将上述每条规则的推理结果 $c_{11} \cdots c_{ij} \cdots c_{mn}$ 合成得到一个综合的输出模糊集 c ,其推理过程表示为:

$$u_C(z) = u_{C11}(z) \vee \cdots \vee u_{Cij}(z) \vee \cdots \vee u_{Cmn}(z) \tag{2-19}$$

式中,"$\vee$"表示取大运算。

2.3.2.5　模糊量的清晰化

经过模糊推理得到的控制量 u 是一个模糊量,不能直接用来控制被控对象,必须采用合理的方法将其转化为精确量。把模糊量转化为精确量的过程称为模糊量的清晰化,又称为解模糊。

常用的模糊量的清晰化方法有最大隶属度判据法、取中位数法和重心法等。其中最大隶属度判据法简单，算法实时性好，突出了隶属度最大元素的控制作用，但它概括的信息量太少。取中位数法比较充分地利用了模糊子集提供的信息量，但计算比较复杂。而重心法则能较好地反映控制量的真实分布情况，因而在实际的应用中较为多见。本书的装置也是采用重心法来解模糊化。该方法求解控制量 z_o 的精确值的公式为：

$$z_o = \frac{\sum_{i=1}^{n} u_c(z_i) \cdot z_i}{\sum_{i=1}^{n} u_c(z_i)} \tag{2-20}$$

2.3.2.6 建立模糊控制表

如前所述，模糊控制器实现每一步控制都要经过模糊化、根据模糊控制规则、模糊推理、清晰化（解模糊）处理几个步骤。这个过程计算量较大，在模糊控制器的维数较高、控制规则较多时尤其如此。在实际应用中，每次控制都进行上述处理显然不能满足控制的实时性要求。因此，为保证控制系统的实时性，常常事先将模糊关系矩阵 R 算出，然后根据模糊推理合成运算计算出各种输入状态下的模糊控制输出 u，再采用重心法或其他方法将 u 转化为精确量，最后将上述计算结果制成模糊控制表，作为文件存储在计算机中。在实际应用中，对于实时控制性要求较高的系统，直接将采样时刻所获得的误差、误差变化等输入变量模糊化，然后根据模糊化的结果查询模糊控制表，直接得到模糊集论域上的控制量，再通过量化因子 k 把其映射到输出变量的基本论域，即得作用于被控对象上的控制量。这样处理可以很好地保证自动控制的实时性和快速性，避免了在线进行运算时花费大量时间，能够更快速地提高系统的准确性和稳定性。

2.3.3 模糊控制方法与控制器参数在线优化整定方法的关系

模糊控制器的设计过程，实际上就是将控制规则实施的过程，因此模糊控制器可以被用作表达专家经验的工具。模糊控制器可以有多个输入和输出,这就为控制器参数在线优化整定方法的优化器设计奠定了基础。因此,在本书研究的主要问题中,模糊控制器可以根据专家经验被设计成为优化器,从而实现 PID 控制器参数在线优化整定功能。

2.4　专家经验与 PID 参数在线调试整定的优化器设计

2.4.1　专家经验的应用

基于专家经验的控制,可以借鉴经典的专家控制(Expert Control)理论和方法,专家控制的实质是基于受控对象和控制规律的各种知识,并以智能的方式利用这些知识来设计控制器。利用专家经验来设计 PID 参数便构成专家 PID 控制。

如果这些经验是通过模糊控制的形式实现的,则将这种利用模糊控制方法实现专家经验的控制方法用于在线控制参数整定,并称之为基于专家经验与模糊控制的控制器参数优化整定方法[27-36]。

对于 PID 控制系统的核心——PID 控制器来讲, K_p,K_i,K_d 三个参数的设定、整定、优化很大程度上取决于从事具体工程设计人员的工程经验,即专家经验。例如,在 PID 控制器中整定 K_p,K_i,K_d 三个参数设定时,存在以下经验:

K_p 的作用在于加快系统响应速度,提高系统调节精度,但 K_p 过大将会导致系统不稳定; K_i 的作用在于消除系统的稳态误差; K_d 的作用在于改善系统动态特性。根据参数 K_p,K_i,K_d 对系统输出响应的影响,可以得出不同的阶跃响应误差 e 和阶跃响应,误差变化率为 ec 时,用 $|e|$ 和 $|ec|$ 表示参

数自整定原则。图 2－10 为典型的二阶系统单位阶跃响应误差曲线。

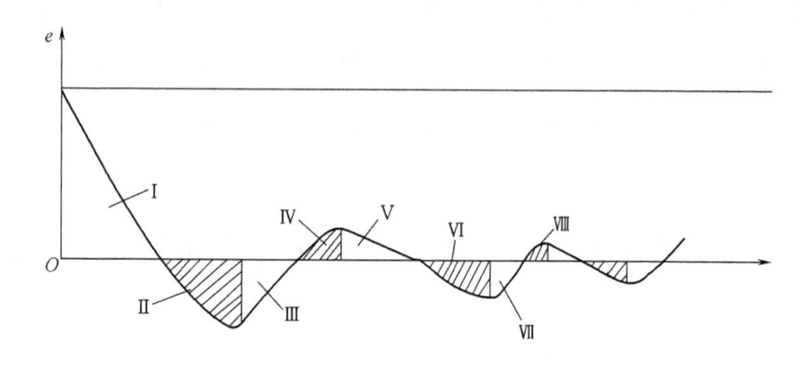

图 2－10　二阶系统单位阶跃响应误差曲线

为了描述误差、误差变化率与控制量的关系，建立如下数学模型：令 $e(k)$ 表示离散化的当前采样时刻的误差值，$e(k-1)$ 、$e(k-2)$ 分别表示前一个和前两个采样时刻的误差值，则有：

$$\Delta e(k) = e(k) - e(k-1) \tag{2-21}$$

$$\Delta e(k-1) = e(k-1) - e(k-2) \tag{2-22}$$

根据 $|e|$ 和 $|ec|$ 的不同组合和专家对每种组合下 K_p, K_i, K_d 三个参数的经验设定，调整控制器参数，得到输出并可以表示为式 2－23 的形式。

$$\begin{aligned} u(k) = {} & u(k-1) + k_1 \cdot k_p \cdot [e(k) - e(k-1)] + k_2 \cdot k_i \cdot e(k) + \\ & k_3 \cdot k_d \cdot [e(k) - 2e(k-1) + e(k-2)] \end{aligned} \tag{2-23}$$

式中，$k_a(a = 1,2,3)$ 表示根据专家经验和 $|e|$ 和 $|ec|$ 的不同组合得出的对 P，I，D 作用的增益，取值范围为 $0 < k_a < 2$ 。

（1）当 $|e|$ 变化时，PID 参数 K_p, K_i, K_d 的自整定原则。

①当 $|e|$ 较大，即系统处于如图 2－10 所示输出响应曲线第 Ⅰ 段时，为加快响应速度取较大的 K_p ，同时合理选择 K_d 的值，通常 $|ec|$ 较大时取较大 K_d 值，$|ec|$ 较小时，取较小的 K_d 值。为了防止积分饱和，避免系统响应出现

较大的超调,应取较小的 K_i 值。例如输出可以是以下的形式:

$$K_x = \begin{cases} K_{p\max} \\ K_{i\min} \\ K_{d\min} \end{cases} \qquad (2-24)$$

②当$|e|$为中等大小,即系统响应处于图 2－10 所示曲线第Ⅱ～Ⅶ段时,为使系统响应的超调减小 K_p,K_i,K_d 都不能太大,应取较小的 K_i 值、K_p 和 K_d 的值大小要适中,以保证系统响应速度。

③当$|e|$较小,即系统响应应处于图 2－10 所示输出响应曲线第Ⅷ段后,为使系统具有良好的稳态性能,应增大 K_p 和 K_i 的值,同时为避免系统在设定值附近振荡,并考虑系统的抗干扰性能,应适当选取 K_d 的值,通常取较小的 K_d 值。

(2)当$|ec|$变化时,PID 参数 K_p,K_i,K_d 的自整定原则。

①当$|ec|$较小,即系统响应应处于图 2－10 所示输出响应曲线第Ⅰ段时,为了保证系统有较快的响应速度,应取较大的 K_p 和 K_i 的值,同时考虑到系统的抗干扰性能,应适当选取 K_d 的值。当$|e|$较大时,K_d 应取中等大小,当$|e|$较小时,K_d 应取较小值。

②当$|ec|$为中等大小,即处于如图 2－10 所示输出响应曲线第Ⅱ～Ⅶ段时,为加快系统的响应速度并使系统有较好的稳态性能,应当加大 K_p 和 K_i 的值。同时,为了避免输出响应在设定值附近的振荡,并考虑系统的抗干扰性能,应适当地选取较小到适中的 K_d 值。

③当$|ec|$较大时,即处于如图 2－10 所示输出响应曲线第Ⅷ段以后,此时,K_p,K_i,K_d 的取值都不宜太大。为了保证系统响应速度和稳定性,防止系统产生较大的超调,K_p 的值取较小到适中的值,K_i 的取值也要尽可能小,考虑到控制对象本身的限制因素,K_d 应取较大的值。

2.4.2 基于专家经验与模糊控制的在线优化整定方法

基于上述原理的分析，得到设计 PID 控制器参数在线自优化整定方法的优化器的主要任务是：利用专家经验设计模糊控制器和优化公式，实现优化器输入 e 和 ec 到优化器输出 K_p,K_i,K_d 映射关系的计算。即优化器以误差 e 和误差变化 ec 作为输入，根据专家的经验可以满足不同时刻的 e 和 ec 对 K_p,K_i,K_d 参数自整定的要求。利用模糊控制规则在线对 PID 参数进行修改，优化器的结构如图 2－11 所示。

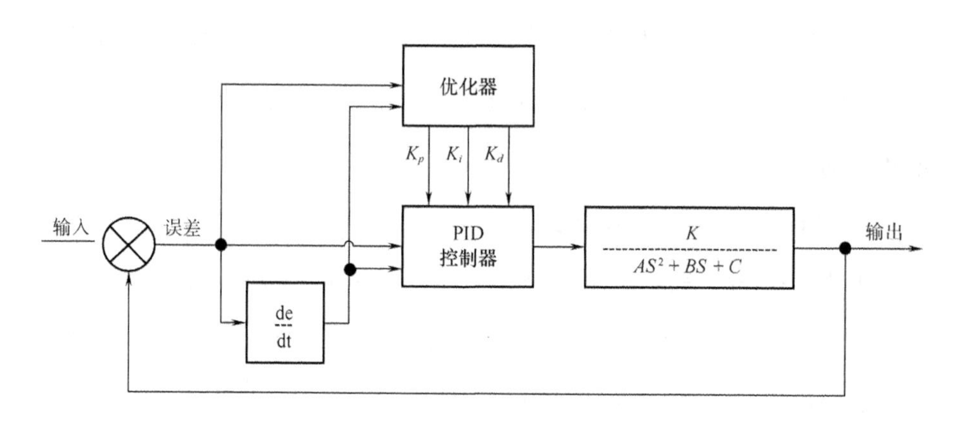

图 2－11　PID 控制器参数在线优化整定系统框图

模糊控制设计的核心问题是总结设计人员的技术知识和实际操作经验，建立合适的模糊规则表，得到针对 K_p,K_i,K_d 三个参数分别整定的模糊控制表。K_p,K_i,K_d 的模糊规则表建立后，再应用模糊合成推理设计 PID 参数的模糊矩阵表，查出修正参数带入优化公式进行计算，得到当前的 K_p，K_i,K_d 参数。

在线自优化整定 PID 控制器设计的基本步骤是：在 PID 算法的基础上，模糊自整定 PID 算法通过计算当前系统误差 e 和误差变化 ec，根据模糊规则对上述计算结果进行模糊推理查询，查询结果对 K_p,K_i,K_d 参数进行

调整。整个过程描述如下,流程图参见图 2－12。控制程序首先进行参数初始化,随后进入到一个循环中,反复执行如下步骤:

步骤 1,读取当前时刻 k 系统输出的采样制值 $y(k)$;

步骤 2,计算当前输出与给定的差值 e 和变化率 ec ;

步骤 3,优化器根据 e 和 ec 查表,并计算得到优化后的 K_p、K_i、K_d ;

步骤 5,PID 控制器根据新的 K_p、K_i、K_d ,计算控制量输出 $u(k)$;

步骤 6,控制对象相应控制器输出 $u(k)$;

步骤 6,$k = k + 1$;

步骤 7,返回步骤 1。

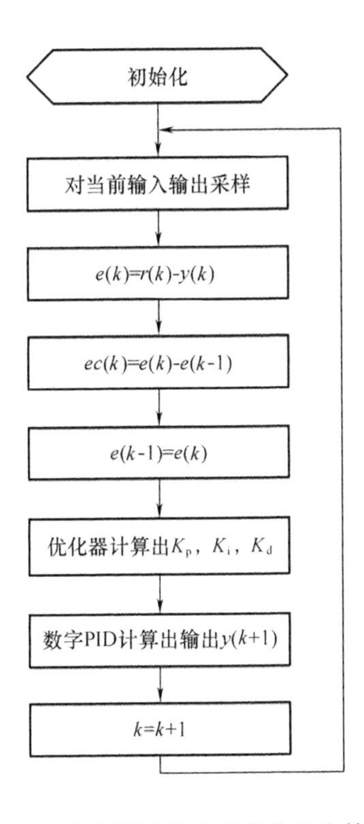

图 2－12　PID 控制器参数在线优化整定算法流程图

2.4.3 基于专家经验与模糊控制的优化器

基于上述分析，优化器的设计由两个部分构成：一是模糊推理器，二是优化计算公式。模糊推理器根据专家经验和当前控制系统的误差 e 、误差变化率 ec ，推理得出 K_p，K_i，K_d 修正值。优化计算公式则根据这个修正值计算得出优化器的输出 K_p，K_i，K_d 。

优化器可以有多种形式，本书给出了最有代表性的三种，这三种优化器具有以下两个共同特点：一是优化器都是基于专家经验，通过模糊推理的方式实现的；二是模糊推理器的结构相同。三种优化器的区别在于：模糊推理器输出参数的含义不同，优化计算公式不同。这三种方法的设计要点参见表 2－4。

表 2－4 三种 PID 控制器参数在线优化整定算法比较

	算法 1	算法 2	算法 3
优化器方法	自适应模糊 PID 优化器	增量式自适应模糊 PID 优化器	专家经验规则表优化器
核心思想	在 P,I,D 参数初值附近修正	在上一次 P,I,D 参数基础上叠加	直接应用专家给出的映射关系
优化器结果	模糊推理机 +优化计算公式	模糊推理机（表） +优化计算公式	模糊推理机（表）
模糊推理机输入（相同）	误差和变化率 e , ec	误差和变化率 e , ec	误差和变化率 e , ec
模糊推理机输出	PID 参数偏移量 $O_X(e,ec)$	PID 参数增益 $I_X(e,ec)$	PID 参数值 $R_X(e,ec)$
优化计算公式	初值的基础修正 $K_0+O_X(e,ec)$	前次的基础递增 $K_{X(k-1)}\cdot A_X(e,ec)$	所查即所得 $R_X(e,ec)$
适用场合	初值可较精确预置	初值不能精确预置	分阶段控制

其中 $Y_X(Y = O,A,R;X = K_p,K_i,K_d)$ 表示的含义如下：Y 表示三种在线优化整定算法模糊推理机类型和输出的含义，偏移量 O(Offset)、增益 A(Amplify)和专家经验规则查询结果 R(Rule)。X 表示三种算法模糊推理机的输出是 K_p、K_i、K_d 三个参数类型。

本书提出了三种 PID 控制器参数在线优化整定的优化器设计方法，原因有三：一是可以通过对比，说明不同的设计方法的效果和特点；二是可以根据不同应用的具体情况选择适用的方法，为工程应用做好准备；三是可以清楚地描述控制器参数在线优化整定的优化器设计方法。

2.4.3.1　自适应模糊 PID 优化器

自适应模糊 PID 优化器的模糊推理机的结构采用的是经典的模糊控制器的结构。模糊控制器的设计方法参见第 2 章模糊控制理论部分。

模糊推理机输入 k 时刻的误差 $e(k)$ 和误差变化率 $ec(k)$，首先进行模糊化计算，并对计算结果再进行模糊计算。模糊计算经过清晰化计算，得到当前时刻的 K_p,K_i,K_d 参数的修正值 $O_{K_p}(e(k),ec(k))$、$O_{K_i}(e(k),ec(k))$、$O_{K_d}(e(k),ec(k))$。

优化计算公式在工程师初始设定的 $K_p(0)$、$K_i(0)$、$K_d(0)$ 的基础上，加上参数的修正值 $O_{K_p}(e(k),ec(k))$、$O_{K_i}(e(k),ec(k))$、$O_{K_d}(e(k),ec(k))$，从而得到当前的优化器输出 $K_p(k)$、$K_i(k)$、$K_d(k)$，其中优化计算公式为：

$$K_p(k) = K_p(0) + O_{K_p}(e(k),ec(k)) \tag{2-25}$$

$$K_i(k) = K_i(0) + O_{K_i}(e(k),ec(k)) \tag{2-26}$$

$$K_d(k) = K_d(0) + O_{K_d}(e(k),ec(k)) \tag{2-27}$$

这种方法的特点是：每次优化都是在初始设定值 $K_p(0)$、$K_i(0)$、$K_d(0)$ 的基础上通过偏移量进行修正。也就是说，优化器的输出 $K_p(k)$、$K_i(k)$、

$K_d(k)$ 是以初始设定值 $K_p(0)$、$K_i(0)$、$K_d(0)$ 为中心量的修正。

这种方法适用于那些工程中工程师可以对 K_p,K_i,K_d 参数的初始设定值较为清楚的情况。之所以设计修正值,是希望修正值能够克服被控对象的差别、控制系统环境差别等相同系统略有差别的应用。这种方法如果应用于对原有 PID 控制系统控制策略改造的项目,工程师只需将原有项目中已经调试好的 P,I,D 三个参数复制给 $K_p(0)$、$K_i(0)$、$K_d(0)$,再根据系统的特点设计好偏移量规则即可投入使用。

2.4.3.2 增量式自适应模糊 PID 优化器

增量式自适应模糊 PID 优化器的模糊推理机的结构既可以采用经典的模糊控制器的结构,也可以采用规则表的形式,如表 2-5 所示。模糊控制器的优点是输出值是连续实数,取值的范围大精度高,而规则表的优点是直接应用工程师的经验参数。因此,在工程应用中,有经验的工程师即使不懂模糊控制原理,也可以修改在线优化整定程序。

表 2-5 增量式自适应模糊 PID 优化器规则表

$A_X(e,ec)$	$\vert e\vert \geqslant E_{high}$	$E_{low} \leqslant \vert e\vert < E_{high}$	$0 \leqslant \vert e\vert < E_{low}$
$\vert ec\vert \geqslant EC_{high}$	$A_X(h,h)$	$A_X(m,h)$	$A_X(l,h)$
$EC_{low} \leqslant \vert ec\vert < EC_{high}$	$A_X(h,m)$	$A_X(m,m)$	$A_X(l,m)$
$0 \leqslant \vert ec\vert < EC_{low}$	$A_X(h,l)$	$A_X(m,l)$	$A_X(l,l)$

其中,E_{low},E_{high} 分别表示误差 $e(k)$ 和误差变化率 $ec(k)$ 的边界值。h,m,l 分别表示“高”“中”“低”自含意,$A_X(e,ec)$ 由表 2-5 决定取值。

基于规则表的模糊控制器不用进行模糊化计算、清晰化计算,直接根据输入 k 时刻的误差 $e(k)$ 和误差变化率 $ec(k)$,查表得到当前时刻的 K_p,K_i,K_d 参数的增量值 $A_{K_p}(e(k),ec(k))$、$A_{K_i}(e(k),ec(k))$、$A_{K_d}(e(k)$,

$ec(k))$ 。

优化公式在上一个整定周期(第 $k-1$ 个整定周期)已经整定的控制器参数 $K_p(k-1)$、$K_i(k-1)$、$K_d(k-1)$ 的基础上,乘上参数的增益 $A_{K_p}(e(k), ec(k))$ 、$A_{K_i}(e(k),ec(k))$ 、$A_{K_d}(e(k),ec(k))$,从而得到当前(第 k 个整定周期)的优化器输出 $K_p(k)$、$K_i(k)$、$K_d(k)$,其中优化计算公式为:

$$K_p(k) = K_p(k-1) \cdot A_{K_p}(e(k),ec(k)) \tag{2-28}$$

$$K_i(k) = K_i(k-1) \cdot A_{K_i}(e(k),ec(k)) \tag{2-29}$$

$$K_d(k) = K_d(k-1) \cdot A_{K_d}(e(k),ec(k)) \tag{2-30}$$

这种方法的特点是:每次优化都是在上一个整定周期(第 $k-1$ 个整定周期)已经整定的控制器参数 $K_p(k-1)$、$K_i(k-1)$、$K_d(k-1)$ 的基础上,通过增量进行修正。也就是说,优化器的输出 $K_p(k)$、$K_i(k)$、$K_d(k)$ 是从系统运行前初始设定值 $K_p(0)$、$K_i(0)$、$K_d(0)$ 开始进行增量优化的,因此 $K_p(k)$、$K_i(k)$、$K_d(k)$ 不受 $K_p(0)$、$K_i(0)$、$K_d(0)$ 的限制,甚至可以远离初值。如果把在线优化整定的过程看成是对解的搜索过程,这种搜索算法的优点有两个:①搜索的初始状态是由专家经验确定的,已经很接近目标值,因此搜索的时间会大幅减少;②搜索的策略是根据专家经验规则表进行的启发式搜索,搜索效率会大幅度提高。

这种方法适用于这样的工程:工程师在对 K_p,K_i,K_d 参数进行初始设定时,无法精确给出或只能给出一个大概值。增量式自适应模糊 PID 优化器在系统运行后,以初值为起点开始进行优化。搜索的结果不会被限制在初始化设定值附近。

2.4.3.3 基于专家经验规则表的 PID 优化器

基于专家经验规则表的 PID 优化器的模糊推理机的结构,同样也既可以采用经典的模糊控制器的结构,又可以采用专家经验规则表的形式。采用专家经验规则表的推理机设计可以让工程师为控制过程中每个阶段直接写入相应的控制策略，专家经验控制规则表如表2－6所示。

表2－6　专家经验规则表

$R_X(e,ec)$	$\lvert e\rvert \geqslant E_{high}$	$E_{low} \leqslant \lvert e\rvert < E_{high}$	$0 \leqslant \lvert e\rvert < E_{low}$
$\lvert ec\rvert \geqslant EC_{high}$	$R_X(h,h)$	$R_X(m,h)$	$R_X(l,h)$
$EC_{low} \leqslant \lvert ec\rvert < EC_{high}$	$R_X(h,m)$	$R_X(m,m)$	$R_X(l,m)$
$0 \leqslant \lvert ec\rvert < EC_{low}$	$R_X(h,l)$	$R_X(m,l)$	$R_X(l,l)$

基于规则表的模糊控制器同样也不用进行模糊化计算、清晰化计算，直接根据输入k时刻的误差$e(k)$和误差变化率$ec(k)$，查表得到当前时刻的$R_{K_p}(e(k),ec(k))$、$R_{K_i}(e(k),ec(k))$、$R_{K_d}(e(k),ec(k))$即为当前时刻的K_p、K_i、K_d参数值。即当前（第k个整定周期）的优化器输出$K_p(k)$、$K_i(k)$、$K_d(k)$，优化计算公式为：

$$K_p(k) = R_{K_p}(e(k),ec(k)) \tag{2-31}$$

$$K_i(k) = R_{K_i}(e(k),ec(k)) \tag{2-32}$$

$$K_d(k) = R_{K_d}(e(k),ec(k)) \tag{2-33}$$

这种方法的特点是：每次优化的结果是当前e,ec对应的工程师的经验参数。这样的优化整定算法，采样周期可以较长（采样频率可以较低），即在线优化的过程中K_p,K_i,K_d参数不会频繁变化，而且输出的结果情况固定。

这种方法适用于分阶段控制的工程中：工程师不需要对K_p,K_i,K_d参数进行初始设定，系统运行后就直接从专家经验控制规则表中取出控制参数。由于采样频率（优化整定频率）较低，通常是完成一次稳定过程后再进行一次整定，在线整定过程为分阶段控制过程，而且调试过程中产生的数据很容易被工程师分析，从而修正专家经验规则表。当输入变量只有误差 $e(k)$ ，且 $e(k)$ 只分为两段时，该算法蜕化为砰—砰控制，“砰—砰”控制专家经验规则表参见表 2－7。

表 2－7 砰—砰控制规则表

	$\lvert e \rvert \geqslant E$	$0 \leqslant \lvert e \rvert < E$
$I_X(e)$	$R_X(h)$	$R_X(l)$

2.5 控制系统的被控对象研究方法

2.5.1 被控对象建模方法概述

设计一个过程自动控制系统时，首先需要知道被控对象的数学模型。控制系统的设计任务就是根据被控对象的数学模型，按照控制要求来设计控制器。一个控制系统设计得是否成功与被控对象数学模型建立的准确与否很有关系。许多情况表明，针对一些复杂对象不能设计出良好的自动控制系统，往往是由于被控对象的数学模型的建立不准确而引起的。建立被控对象的数学模型，一般可采用多种方法，大致可分为机理法和测试法两类。

机理法建模就是根据生产过程中实际发生的变化机理，写出各种有关的平衡方程，如能量平衡方程、反应流体流动传热方程等，再经过各种数学上的变换，转换为控制理论中模型的形式。

测试法建模一般只用于建立输入、输出模型，它是根据工业过程的输入和输出的实测数据进行某种数学处理后得到的模型，它的主要特点是把被研究的工业过程视为一个黑匣子,而不需要深入掌握其内部的机理,通过系统辨识的方法建立输入输出的关系模型。然而这并不意味着可以对内部机理毫无所知。

用机理法建模时,有时也会出现模型中某些参数难以确定的情况,有时用机理法建模太烦琐,这时则使用测试的方法建模。考虑到模型的适用性和实用性的要求,合理的近似假定是必不可少的。模型应该尽量简单,同时也要保证达到合理的精度。

2.5.2 实际工程项目中被控对象的建模

本书研究的燕山石化 60 路 PID 温控系统控制器参数在线优化整定问题,有具体的研究对象——加热炉。加热炉结构相对简单,可以采用机理建模的方法。加热炉的架构如图 2 - 13 所示。

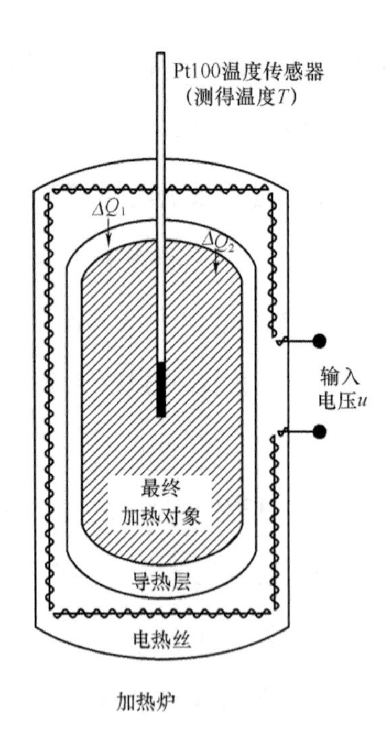

图 2 - 13　加热炉原理图

加热炉的输入是 0～220V 的交流电，加热后炉内的电热丝挥发出热量，经过导热层传给位于炉子内部的最终加热对象，并通过深入到最终加热对象的 Pt100 温度传感器，将炉温取出作为被控对象的输出。

对上述被控对象进行建模，需要做出以下两个基本假设。

基本假设 1：加热过程分为两个阶段。

第一阶段将电阻丝两端加上电压 u 之后，电阻丝温度产生热量导致电阻丝套管温度升高至 T_1 。

第二阶段电阻丝套管产生的温升 T_1 ，大部分通过传热层传给炉子最内部的最终加热对象，使其温度升至 T_f ，一小部分散发到被控对象外。

基本假设 2：认为加热过程是上述两个过程串联的结果，可以先分别对其建模，再按照串联的方法处理。

于是加热过程分为两个阶段进行，建模的过程分为以下三个步骤。

2.5.2.1 建立电阻丝套管温升 T_1 与输入电压 u 的关系模型

在第一阶段加热模型中，用到如下的变量，其中各变量的含义如下：

① u 为电阻丝两端加的控制电压；

② M 为电阻丝的质量，C 为比热；

③ H 为热传导系数，A 为传热面积；

④ T_0 为未加热前电阻丝套管温度；

⑤ T_1 为加热后电阻丝套管温度；

⑥ Q_i 为单位时间内电热丝产生的热量。

根据热力学知识，可以得到热力学平衡方程为

$$MC\frac{\mathrm{d}(T_1 - T_0)}{\mathrm{d}t} + HA(T_1 - T_0) = Q_i \qquad (2-34)$$

通常情况下，单位时间内电热丝产生的热量 Q_i 与电阻丝两端加的控制电压 u 的平方成正比例，故 Q_i 与 u 是非线性关系。在平衡点 (Q_0, u_0) 附近

进行线性化，得

$$K_u = \frac{\Delta Q_i}{\Delta u} \tag{2-35}$$

于是，可以得到对应的增量微分方程

$$MC\frac{\mathrm{d}\Delta T_1}{\mathrm{d}t} + HA\Delta T_1 = K_u\Delta u \tag{2-36}$$

令 $\tau = \frac{MC}{HA}$，$K = \frac{K_u}{HA}$，则上式可以改写为

$$\tau\frac{\mathrm{d}\Delta T_1}{\mathrm{d}t} + \Delta T_1 = K\Delta u \tag{2-37}$$

于是，可以得到电阻丝套管温度 T_Q 变化量对电阻丝两端加的控制电压 u 变化量之间的传递函数为

$$G_1(s) = \frac{\Delta T_1(s)}{\Delta u(s)} = \frac{K_1}{\tau s + 1} \tag{2-38}$$

2.5.2.2 建立传感器测得的最终加热对象温升 T_f 与电阻丝套管温升 T_1 的关系模型

在第二阶段热传导模型中，用到如下的变量，其中各变量的含义如下：

① Q_1 为从电阻丝套管传入最终加热对象的热量的稳态值；

② ΔQ_1 为从电阻丝套管传入最终加热对象的热量的增量值；

③ Q_0 为从电阻丝套管散失到加热炉外部的热量的稳态值；

④ ΔQ_0 为从电阻丝套管散失到加热炉外部的热量的增量值；

⑤ T 为最终加热对象的温度；

⑥ T_f 为最终加热对象的温度。

从电阻丝套管传入最终加热对象的热量 Q_1 与从电阻丝套管散失到加热炉外部的热量 Q_0 之差的瞬时值等于最终加热对象温度的变化率，即

$$\Delta Q_1 - \Delta Q_0 = \frac{\mathrm{d}T_f}{\mathrm{d}t} \tag{2-39}$$

式 2 - 39 中 ΔQ_1 是由于电阻丝套管温度 ΔT_1 变化引起的，当加热炉物理结构不变时，ΔQ_1 与 ΔT_1 成正比关系，即

$$\Delta Q_1 = K_{T_1}\Delta T_1 \tag{2-40}$$

其中，K_{T_1} 为 ΔQ_1 与 ΔT_1 的正比关系系数。

电阻丝套管散失到加热炉外部的热量 Q_0 与最终加热对象的温度 T_f 的关系为

$$Q = A\sqrt{2gT_f} = K\sqrt{T_f} \tag{2-41}$$

其中，A 为电阻丝套管散热面积。

式 2 - 41 是一个非线性关系，在平衡点（T_0，Q_0）附近进行线性化，得

$$R = \frac{\Delta T_f}{\Delta Q_0} \tag{2-42}$$

将式 2 - 41，式 2 - 42 代入式 2 - 39，可得

$$\Delta Q_1 - \frac{\Delta T_f}{R} = A\frac{\mathrm{d}T_f}{\mathrm{d}t} \tag{2-43}$$

将式 2 - 43 整理得

$$RA\frac{\mathrm{d}T_f}{\mathrm{d}t} + \Delta T_f = R\Delta Q_1 \tag{2-44}$$

令 $\sigma = RA$，$K_2 = R$，则式 2 - 44 可以整理为

$$\sigma\frac{\mathrm{d}T_f}{\mathrm{d}t} + \Delta T_f = K_2\Delta Q_1 \tag{2-45}$$

于是，可得最终加热对象的温度对从电阻丝套管传入最终加热对象热量改变量的传递函数为

$$G_2(s) = \frac{\Delta T_f(s)}{\Delta T_1(s)} = \frac{K_2}{\sigma s + 1} \tag{2-46}$$

2.5.2.3 建立传感器测得的最终加热对象温升 T_f 与输入电压 u 的关系模型

由于电阻丝加热过程和热量传输、散失过程是串联的关系，根据串级传递函数公式。可以得到系统的传递函数公式，即：最终加热对象的温度对电阻丝两端加的控制电压 u 变化量之间的传递函数 $G(s)$ 为

$$G(s) = G_1(s) \cdot G_2(s) = \frac{K_1}{\tau s + 1} \cdot \frac{K_2}{\sigma s + 1} \tag{2-47}$$

令 $K = K_1 \cdot K_2$，则加热系统最终的数学模型可以表示为

$$G(s) = \frac{K}{\tau\sigma s^2 + (\tau + \sigma)s + 1} \tag{2-48}$$

至此完成了对被控对象的建模过程。

2.5.3 被控对象模型分析

上述数学模型是近似的模型，与实际的被控对象存在一些差别。例如，电阻丝对电阻丝套管的热传递和电阻丝套管对最终加热对象的热传递都会存在一定的传输时间，即延迟 τ_0 才能对下一对象产生影响。因此在微分方程中会存在控制量用 $\Delta u(t - \tau_0)$ 代替 $\Delta u(t)$ 会更加准确，对应的传递函数应该对应地包含一项延迟环节 $e^{-\tau_0 s}$。

在研究的过程中，被控对象的模型近似的可以用二阶环节来表示，一方面是因为两者的本质相同、简化合理，这样的简化会使理论推导和计算机仿真编程的工作量大幅度降低；另一方面这样的模型已经能够充分适用于本研究设计的各种方法。为了使本研究讨论的各种方法有对比性，本书所讨论的各种控制参数在线优化整定系统的被控对象采用统一的模型。

2.6 控制系统稳定性分析方法

稳定性是控制系统最重要的问题，也是对系统最基本的要求。控制系统在实际运行中，总会受到外界和内部一些因素的扰动，例如，负载或能源的波动、环境条件的改变、系统参数的变化等。如果系统不稳定，当它受到扰动时，系统中各物理量就会偏离其平衡工作点，并随时间推移而发散，即使扰动消失了，也不可能恢复原来的平衡状态。因此，如何分析系统的稳定性并提出保证系统稳定的措施，是控制理论的基本任务之一。

2.6.1 控制算法稳定性证明方法的选择

常用的稳定性分析方法有以下几种。

2.6.1.1 劳斯—赫尔维茨(Routh - Hurwitz)判据

这是一种代数判据方法，根据系统特征方程式来判断特征根在 S 平面的位置，从而决定系统的稳定性。

已知系统的闭环特征方程为

$$D(s) = a_n s^n + a_{n-1} s^{n-1} + \ldots + a_1 s + a_0 = 0 \qquad (2-49)$$

式2-49中所有系数均为实数，且 $a_n > 0$，则系统稳定的必要条件是上述系统特征方程的所有系数均为正数。

设上式有 n 个根，其中 k 个实根 $-p_j(j=1,2,\cdots,k)$，r 对复根 $-s_i \pm j_i$ $(i=1,2,\cdots,r)$，$n=k+2r$，则特征方程式可写为：

$$\begin{aligned} D(s) &= a_n s^n + a_{n-1} s^{n-1} + \ldots + a_1 s + a_0 \\ &= a_n(s+p_1)(s+p_2)\ldots(s+p_k)[(^s+\sigma_1)2+\omega_1^2]\ldots[(^s+\sigma_r)2+\omega_r^2] \qquad (2-50) \\ &= 0 \end{aligned}$$

假如所有的根均在左半平面，即 $-p_j<0$，$-s_i<0$，则 $p_j>0$，$s_i>0$。所以将各因子项相乘展开后，式的所有系数都是正数。

根据这一原则，在判别系统的稳定性时，可首先检查系统特征方程的系数是否都为正数。假如有任何系数为负数或等于零(缺项)，则系统是不稳定的。但是，假若特征方程的所有系数均为正数，并不能肯定系统是否稳定，还要做进一步的判别。上述原则只是系统稳定性的必要条件，而不是充分必要条件。

2.6.1.2 奈奎斯特(Nyquist)判据

这是一种在复变函数理论基础上建立起来的方法。它根据系统的开环频率特性确定闭环系统的稳定性，同样避免了求解闭环系统特征根的困难。这一方法在工程上得到了比较广泛的应用。

判断线性系统稳定的充分必要条件是特征方程的根必须都具有负实部。如果用根在复平面上的位置分布来描述的话，则系统稳定的充分必要条件是所有特征根都必须落在复平面的左半平面，即落在虚轴的左侧，只要有一个根落在复平面的右半平面，系统将是不稳定的。

奈奎斯特判据通常描述为：

开环系统稳定时，闭环系统稳定的必要条件是开环系统频率特性曲线在 ω 从零变化到正无穷时不包围$(-1,j_0)$点，若包围点$(-1,j_0)$闭环系统就是不稳定的，穿过$(-1,j_0)$点闭环系统边界稳定。开环系统不稳定时(有 K 个正实部根)，闭环系统稳定的充要条件是开环系统频率特性曲线在 ω 从零变化到正无穷时逆时针包围$(-1,j_0)$点圈数。

2.6.1.3 李雅普诺夫方法

上述几种方法主要适用于线性系统，而李雅普诺夫方法不仅适用于线性系统，更适用于非线性系统。该方法是根据李雅普诺夫函数的特征来决定系统的稳定性。

经典控制理论中已经建立代数判据、奈奎斯特判据、对数判据、根轨迹判据来判断线性定常系统的稳定性,但不适用于非线性、时变系统。分析非线性系统稳定性及自振的描述函数法,则要求系统的线性部分具有良好的滤除谐波的性能,而相平面法只适合于一阶、二阶非线性系统。1892 年,俄国学者李雅普诺夫提出的稳定性理论是确定系统稳定性的更一般的理论,已经采用状态向量来描述,它不仅适用于单变量、线性、定常系统,还适用于多变量、非线性、时变系统,在分析某些特定非线性系统的稳定性时,李雅普诺夫理论有效地解决过用其他方法未能解决的问题。李雅普诺夫理论在建立一系列关于稳定性概念的基础上,提出了依赖于线性系统微分方程的解来判断稳定性的第一方法,也称间接法;还提出了一种利用经验和技巧来构造李雅普诺夫函数借以判断稳定性的第二方法,又称直接法。特别是后者,在现代的控制系统分析与综合中,如最优控制、自适应控制、非线性、时变系统的分析设计等方面,不断得到应用与发展。

设线性定常连续系统为

$$\dot{x} = Ax \tag{2-51}$$

则平衡状态 $x_e = 0$ 为大范围渐近稳定的充要条件是:对任意给定的正定实对称矩阵 Q ,必存在正定的实对称矩阵 P ,满足李雅普诺夫方程

$$A^T P + PA = -Q \tag{2-52}$$

并且

$$V(x) = x^T Px \tag{2-53}$$

是系统的李雅普诺夫函数。

若选 $V(x) = x^T Px$ 为李雅普诺夫函数,设 P 为 $n \times n$ 维正定实对称阵,则 $V(x)$ 是正定的。将 $V(x)$ 取时间导数为

$$\dot{V}(x) = x^T P\dot{x} + \dot{x}^T P x \tag{2-54}$$

将式 2－51 代入式 2－54 得

$$\dot{V}(x) = x^T PAx + (Ax)^T Px = x^T(PA + A^T P)x \tag{2-55}$$

欲使系统在原点渐近稳定,则要求 $\dot{V}(x)$ 必须为负定,即 $\dot{V}(x) = -x^T Qx$

式中 $Q = -[A^T P + PA]$ 为正定的。

综上所述,上述提到的稳定性证明方法,分别适用于不同的系统,如时域、频域、线性、非线性系统,证明方法各自有各自的优劣。如果能够将系统近似描述为上述模型中的一个,就可以用上述方法对模型进行稳定性证明。

2.6.2 控制器参数在线整定方法稳定性分析

由于 PID 控制方法本来就是线性时不变系统,因此可以直接采用稳定性判据证明其稳定。对于 PID 参数在线优化整定算法,可以通过调整优化整定周期的方法,将参数调整的时刻定在系统在前一组参数的控制作用下达到稳定时,这样 PID 参数在线优化整定过程就是系统由一个稳态到另外一个稳态过程的过程,对于每个过程的系统就相当于一个线性时不变系统。本书研究的稳定性分析,是设法找到待整定的 PID 参数范围,使得上述等价系统模型稳定。如果线性时变系统中任意参数组合构成的全部线性时不变系统都是稳定的,即初始状态是稳定的,则可以将线性时变的过程,看作是无数个线性时不变过程的切换,这样的线性时变系统也是稳定的。

上述稳定性分析方法各有各的特点和使用情况,其中李雅普诺夫判定稳定性方法理论较为完备,可以应用于多输入多输出的甚至是非线性系统中,方法相对复杂,而本书研究的系统是单输入单输出的。应用劳斯判据,可以大幅度减小稳定性判断的计算量,通过计算劳斯表不仅可以直观地反映出系统的稳定性,而且还可以进一步推导出系统稳定时相关参数的取值范围。本书选择劳斯判据作为主要的稳定性分析工具,推导过程如下。

首先,对于每一个整定周期,PID 参数已经被确定,PID 控制器的传递函数为:

$$G_1 = k_P + k_I \cdot s + k_D \cdot \frac{1}{s} \tag{2-56}$$

被控对象的传递函数为:

$$G_2 = \frac{K}{T_1 \cdot T_2 \cdot s^2 + (T_1 + T_2) \cdot s + 1} \tag{2-57}$$

则系统的开环传递函数为:

$$G = G_1 \cdot G_2 \tag{2-58}$$

系统的闭环传递函数为:

$$G_c = \frac{G}{1 + G} \tag{2-59}$$

系统的特征方程 D 即为式 2－59 的分母,公式计算过程采用 Matlab 进行。首先给出一个计算实例,将所有参数先赋值为 1,再推广到一般的情况。通过 Matlab 计算特征方程的过程,使用 Matlab 求解得到结果如下:

$$D = s^3 + (1 + k_d)s^2 + (1 + k_p)s + k_i \tag{2-60}$$

对特征方程列写劳斯表,如表 2－8 所示:

表 2－8　被控对象参数为单位 1 的控制系统劳斯表

s^3	1	$1 + k_p$
s^2	$1 + k_d$	k_i
s^1	$-\dfrac{\begin{vmatrix} 1 & 1 + k_p \\ 1 + k_d & k_i \end{vmatrix}}{1 + k_d} > 0$	
s^0	k_i	

根据劳斯判据,特征多项的各项系数和劳斯表第一列的各子式必须大于零,于是有:

$$1 + k_d > 0 \tag{2-61}$$

$$1 + k_p > 0 \tag{2-62}$$

$$k_i > 0 \tag{2-63}$$

$$-\frac{\begin{vmatrix} 1 & 1 + k_p \\ 1 + k_d & k_i \end{vmatrix}}{1 + k_d} > 0 \tag{2-64}$$

由式 2-61,则式 2-64 等价于

$$(1 + k_d)(1 + k_p) - k_i > 0 \tag{2-65}$$

即

$$\mathrm{Min}[(1 + k_d)(1 + k_p)] - \mathrm{Max}[k_i] > 0 \tag{2-66}$$

最终得到保证系统稳定条件下,PID 参数的取值范围:

$$\begin{cases} k_d > -1 \\ k_p > -1 \\ k_i > 0 \\ \mathrm{Min}[(1 + k_d)(1 + k_p)] - \mathrm{Max}[k_i] > 0 \end{cases} \tag{2-67}$$

接下来推广到一般的情况,对式 2-57 直接通过 Matlab 计算特征方程,求解得到结果如下:

$$D = T_1 T_2 s^3 + (T_1 + T_2 + Kk_d)s^2 + (1 + k_p)s + Kk_i \tag{2-68}$$

对特征方程列写劳斯表,如表 2-9 所示:

表 2－9　被控对象参数未赋值的控制系统劳斯表

s^3	T_1T_2	$1+k_p$
s^2	$T_1+T_2+Kk_d$	Kk_i
s^1	$-\dfrac{\begin{vmatrix} T_1T_2 & 1+k_p \\ T_1+T_2+Kk_d & Kk_i \end{vmatrix}}{T_1+T_2+Kk_d}>0$	
s^0	Kk_i	

根据劳斯判据,特征多项的各项系数和劳斯表第一列的各子式必须大于零,于是有:

$$T_1 \cdot T_2 > 0 \quad (2-69)$$

$$T_1+T_2+Kk_d > 0 \quad (2-70)$$

$$1+k_p > 0 \quad (2-71)$$

$$Kk_i > 0 \quad (2-72)$$

$$-\frac{\begin{vmatrix} T_1T_2 & 1+k_p \\ T_1+T_2+Kk_d & Kk_i \end{vmatrix}}{T_1+T_2+Kk_d} > 0 \quad (2-73)$$

由式 2－70,则式 2－73 等价于

$$(T_1+T_2+Kk_d)(1+k_p)-T_1T_2Kk_i > 0 \quad (2-74)$$

即:

$$\mathrm{Min}[(T_1+T_2+Kk_d)(1+k_p)]-\mathrm{Max}[T_1T_2Kk_i] > 0 \quad (2-75)$$

最终得到保证系统稳定条件下,PID 参数的取值范围:

$$\begin{cases} T_1 \cdot T_2 > 0 \\ k_d > -(T_1 + T_2) \\ k_p > -1 \\ k_i > 0 \\ \mathrm{Min}[(1 + k_d)(1 + k_p)] - \mathrm{Max}[k_i] > 0 \end{cases} \tag{2-76}$$

2.6.3 工程上保障控制系统稳定的方法

针对工程中的实际应用,这里还提出一个工程上应用的简单方法,可以避免复杂稳定性理论推导问题,即工程上保证(证明)稳定性的方法。在系统输出和被控对象输入之间加一个保证稳定的限幅环节,如图 2-14 所示,保证限幅环节的边界峰值输出都能使系统稳定,从而保证系统运行的稳定。

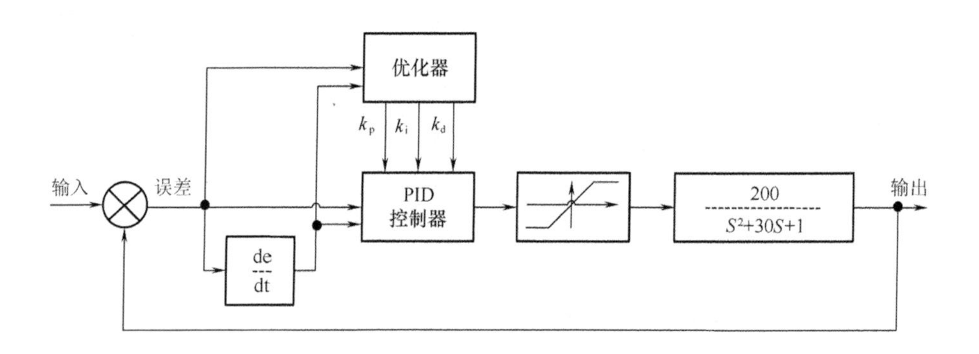

图 2-14 带有限幅输出的 PID 参数在线优化整定模型

限幅环节满足式 2-77:

$$U_{\mathrm{limit}} = \begin{cases} U_{MAX} & U_{MAX} < U_{in} \\ U_{in} & U_{MIN} \leqslant U_{in} \leqslant U_{MAX} \\ U_{MIN} & U_{MIN} > U_{in} \end{cases} \tag{2-77}$$

其中 U_{in} 是未经限幅的系统输入，U_{limit} 表示的是经过限幅后的输出，U_{MIN} 和 U_{MAX} 是通过确定模型仿真和工程实践证实的稳定参数。

这种方法的优点是只需证明边界输出稳定即可，在工程中应用快捷方便，能够确保系统稳定。缺点是：限幅法将导致限幅前的输出区域缩小，使得在线优化整定算法计算出的控制参数经常被限幅。这种强制的限幅带来的系统稳定，降低了控制器参数设计中对于稳定性设计的工作量，代价是降低了在线优化整定算法的最大效能。

2.7 控制系统稳态误差分析方法

系统在控制作用下的响应偏离期望值的大小是用系统的误差来衡量的，全面分析误差的构成以及他们的时间行为，是能否实现所希望的控制要求的重要条件。系统响应误差中稳态误差的大小，是评价系统对给定信号的跟踪精度的重要性能指标。

2.7.1 系统的误差模型

一般反馈控制系统都可以化为单反馈控制系统，误差的数学模型结构如图 2－15 所示。

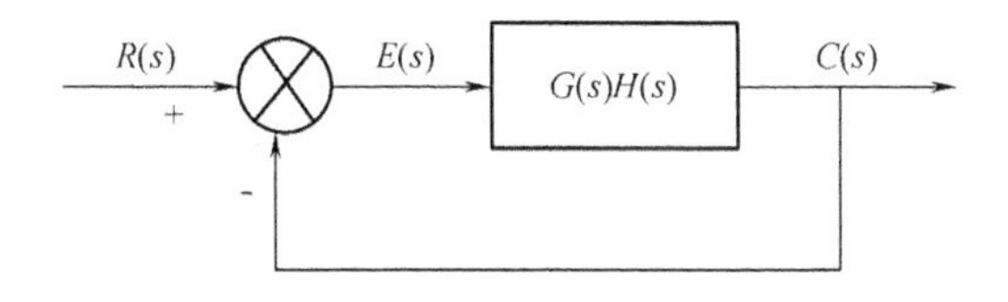

图 2－15 单位反馈系统框图

对于达到稳定后的 PID 控制器，传递函数为：

$$G(s)=K_p+\frac{K_i}{s}+K_d s \tag{2-78}$$

被控对象传递函数：

$$H(s)=\frac{K}{\tau\sigma s^2+(\tau+\sigma)s+1} \tag{2-79}$$

则系统的开环传递函数：

$$G_0(s)=G(s)H(s) \tag{2-80}$$

通过 Matlab 计算，可以得到：

$$\begin{aligned}G_0(s)&=\frac{K\cdot(K_p\cdot s+K_i+K_d\cdot s^2)}{s\cdot[T_1T_2s^2+(T_1+T_2)s+1]}\\&=\frac{K\cdot K_i}{s}\cdot\frac{\frac{K_d}{K_i}\cdot s^2+\frac{K_p}{K_i}\cdot s+1}{T_1T_2s^2+(T_1+T_2)s+1}\end{aligned} \tag{2-81}$$

令 $K_0=K\cdot K_i$，$G_n(s)=\dfrac{\frac{K_d}{K_i}\cdot s^2+\frac{K_p}{K_i}\cdot s+1}{T_1T_2s^2+(T_1+T_2)s+1}$

则开环传递函数 $G_0(s)$ 可以表示为如下形式：

$$G_0(s)=\frac{K_0}{s^\nu}\cdot G_n(s) \tag{2-82}$$

式 2－82 中，ν 为开环传递函数积分环节的数目，或称为无差度。

按照 ν 的不同取值，控制系统可分为：

当 $\nu=0$ 时，称系统是 0 型系统（有差系统）；

当 $\nu=1$ 时，称是 Ⅰ 型系统（一阶无差系统）；

当 $\nu=2$ 时，称是 Ⅱ 型系统（二阶无差系统）。

ν 的大小反映了系统跟踪阶跃输入信号、斜坡、抛物线的能力。系统的无差度越高，稳态误差越小，但稳定性越差。

本书讨论的控制系统数学模型中 $\nu=1$，属于 Ⅰ 型系统。

系统的闭环传递函数：

$$G_c(s) = \frac{G_0(s)}{1 + G_0(s)} = \frac{G(s)H(s)}{1 + G(s)H(s)} \tag{2-83}$$

误差在时域中表示为：

$$e(t) = r(t) - c(t) \tag{2-84}$$

由拉氏变换得到：

$$\begin{aligned} E(s) &= R(s) - C(s) \\ &= R(s) - G_c(s)R(s) \\ &= [1 - G_c(s)]R(s) \end{aligned} \tag{2-85}$$

所以,误差传递函数：

$$\begin{aligned} G_E(s) &= \frac{E(s)}{R(s)} = 1 - G_c(s) \\ &= 1 - \frac{G(s)H(s)}{1 + G(s)H(s)} = \frac{1}{1 + G(s)H(s)} \\ &= \frac{1}{1 + G_0(s)} \end{aligned} \tag{2-86}$$

系统误差的拉氏变换表示为：

$$E(s) = \frac{1}{1 + G_0(0)}R(s) \tag{2-87}$$

所以稳态误差可以由拉氏变换的终值定理求得：

$$e_{ss}(s) = \lim_{t\to\infty} e(t) = \lim_{s\to 0} s \cdot E(s) \tag{2-88}$$

2.7.2 系统稳态误差分析

下面根据输入信号的阶,分三种情况讨论系统稳态误差。

2.7.2.1 输入信号为阶跃信号

单位阶跃信号为：

$$r(t)=1(t) \tag{2-89}$$

拉氏变换为：

$$R(s)=\frac{1}{s} \tag{2-90}$$

由稳态误差的一般表达式，得到输入信号为阶跃信号时，误差的拉氏变换为：

$$\begin{aligned} e_{ss}(s) &= \lim_{t\to\infty} e(t) = \lim_{s\to 0} s\cdot E(s) \\ &= \lim_{t\to\infty} e(t)\cdot\frac{1}{1+G_0(s)}\cdot\frac{1}{s} = \frac{1}{1+\lim\limits_{s\to 0}G_0(s)} \end{aligned} \tag{2-91}$$

将式 2-91 中的极限式 $\lim\limits_{s\to 0}G_0(s)$ 定义为系统的稳态位置误差系数 K_p，表示为：

$$K_p=\lim_{s\to 0}G_0(s) \tag{2-92}$$

稳态误差可以由稳态位置误差系数 K_p 来表示为：

$$e_{ss}=\frac{1}{1+K_p} \tag{2-93}$$

因为本书讨论的控制系统数学模型中 $\nu=1$，即前向通路积分环节的个数为 1。开环传递函数可以写为：

$$G_0(s)=\frac{K_0}{s^{\nu}}\cdot G_n(s)\Big|_{\nu=1}=\frac{K_0}{s^1}\cdot G_n(s) \tag{2-94}$$

则静态阶跃误差为：

$$K_p=\lim_{s\to 0}\frac{K_0}{s^1}\cdot G_n(s)=\infty \tag{2-95}$$

将式 2-95 代入式 2-93，得到阶跃响应稳态误差为：

$$e_{ss}=\frac{1}{1+K_p}\bigg|_{K_p=\infty}=0 \tag{2-96}$$

所以，当系统的输入为单位阶跃信号时，由于本书讨论的控制系统（Ⅰ

型系统)的静态位置误差系数 K_p 等于无穷大,所以本书讨论的控制系统(Ⅰ型系统)的稳态误差为零,即本书讨论的控制系统(Ⅰ型系统)是一阶误差系统。

2.7.2.2 输入信号为斜坡信号

单位阶跃信号为:

$$r(t) = t \tag{2-97}$$

拉氏变换为:

$$R(s) = \frac{1}{s^2} \tag{2-98}$$

由稳态误差的一般表达式,得到输入信号为斜坡信号时,误差的拉氏变换为:

$$\begin{aligned} e_{ss}(s) &= \lim_{t\to\infty} e(t) = \lim_{s\to 0} s \cdot E(s) \\ &= \lim_{t\to\infty} e(t) \cdot \frac{1}{1+G_0(s)} \cdot \frac{1}{s^2} = \frac{1}{\lim\limits_{s\to 0} s \cdot G_0(s)} \end{aligned} \tag{2-99}$$

将式 2-99 中的极限式 $\lim\limits_{s\to 0} s \cdot G_0(s)$ 定义为系统的稳态位置误差系数 K_v,表示为:

$$K_v = \lim_{s\to 0} s \cdot G_0(s) \tag{2-100}$$

这样,稳态误差可以由稳态位置误差系数 K_v 来表示为:

$$e_{ss} = \frac{1}{K_v} \tag{2-101}$$

同理,因为本书讨论的控制系统数学模型中 $\nu=1$,即前向通路积分环节的个数为1。开环传递函数 $G_0(s) = \frac{K_0}{s^\nu} \cdot G_n(s)\big|_{\nu=1} = \frac{K_0}{s^1} \cdot G_n(s)$,则静态斜坡误差为:

$$K_v = \lim_{s\to 0} s \cdot \frac{K_0}{s^1} \cdot G_n(s) = K_0 \tag{2-102}$$

将式 2－102 代入式 2－101，得到斜坡响应稳态误差为：

$$e_{ss} = \frac{1}{1 + K_p}\bigg|_{K_p = K_0} = \frac{1}{K_0} \tag{2－103}$$

所以，当系统的输入为斜坡信号时，当时间趋于无穷大时，其稳态误差趋于常数值 $\frac{1}{K_0}$，也就是说本书讨论的控制系统（Ⅰ型系统）有跟踪速率信号的能力，但是在跟踪过程中，只能实现有差跟踪。可以通过加大开环增益 K_0 来减小稳态误差，但不能消除它。

2.7.2.3　**输入信号为加速度信号**

加速度信号为：

$$r(t) = \frac{1}{2}t^2 \tag{2－104}$$

拉氏变换为：

$$R(s) = \frac{1}{s^3} \tag{2－105}$$

由稳态误差的一般表达式，得到输入信号为加速度信号时，误差的拉氏变换为：

$$\begin{aligned} e_{ss}(s) &= \lim_{t\to\infty} e(t) = \lim_{s\to 0} s \cdot E(s) \\ &= \lim_{t\to\infty} e(t) \cdot \frac{1}{1 + G_0(s)} \cdot \frac{1}{s^3} = \frac{1}{\lim\limits_{s\to 0} s^2 \cdot G_0(s)} \end{aligned} \tag{2－106}$$

将式 2－106 中的极限式 $\lim\limits_{s\to 0} s^2 \cdot G_0(s)$ 定义为系统的稳态位置误差系数 K_a，表示为：

$$K_a = \lim_{s\to 0} s^2 \cdot G_0(s) \tag{2－107}$$

这样，稳态误差可以由稳态位置误差系数 K_a 来表示为：

$$e_{ss} = \frac{1}{K_a} \tag{2－108}$$

同理，因为本书讨论的控制系统数学模型中 $\nu=1$，即前向通路积分环节的个数为1。开环传递函数 $G_0(s)=\frac{K_0}{s^{\nu}}\cdot G_n(s)\big|_{\nu=1}=\frac{K_0}{s^1}\cdot G_n(s)$，则静态加速度误差为：

$$K_a=\lim_{s\to 0}s^2\cdot\frac{K_0}{s^1}\cdot G_n(s)=\frac{K_0}{s^1}\cdot G_n(s)=0 \tag{2-109}$$

将式2－109代入式2－108，得到加速度响应稳态误差为：

$$e_{ss}=\frac{1}{K_a}\bigg|_{K_a=0}=\infty \tag{2-110}$$

所以，当系统的输入为斜坡信号时，且当时间趋于无穷大时，稳态误差趋于无穷大，即本书讨论的控制器参数在线优化整定控制系统无法跟踪加速度信号。

3 控制器参数在线优化整定方法的计算机仿真研究

本章根据第2章控制器参数在线优化整定方法的理论推导,分别对基于自适应模糊整定的PID参数在线优化整定方法、基于增益式自适应模糊整定的PID参数在线优化整定方法、基于专家经验规则表整定的PID参数在线优化整定方法给出了具体设计方案和计算机仿真设计方案,并通过计算机仿真,得到了采用上述三种控制器参数在线优化整定算法的控制系统阶跃响应,分析了各种算法的动态性能。最后通过对比三种算法分析了PID参数在线优化整定方法以及普通PID控制方法的动态性能和稳定性,并通过控制系统的斜坡响应、加速度响应,分析了系统的稳态误差,验证了第2章中关于控制系统动态、稳态性能的理论分析。

3.1 基于自适应模糊整定的PID参数在线优化整定方法

3.1.1 基于自适应模糊整定的PID参数在线优化整定算法设计

3.1.1.1 优化器模糊推理机的设计

模糊控制器论域的大小和模糊子集元素的个数,决定了模糊控制的精度。本书的研究将通过计算机仿真的途径,得到上述三种方法的阶跃响应曲线，并最终应用到实际项目中。模糊子集元素的个数，只要满足仿真结果趋势不变、曲线平滑的要求即可。在工程实践中，模糊子集元素的个数越少，实现起来越容易，调试工作越简单，控制系统性能分析越精确。因此，通过计算机仿真和工程实践的经验，本书选择了$\{NB,ZO,PB\}$为模糊子集。

将系统误差 e 和误差变化率 ec 变化范围定义为模糊集上的论域。

$e,ec=\{-3,-1,0,1,3\}$

其模糊子集为 $e,ec=\{NB,ZO,PB\}$，子集中元素分别代表负、零、正。设误差 e，误差变化率 ec 和 K_p,K_i,K_d 均服从正态分布。

隶属函数选用的是 Sigmoid 型隶属度函数和三角形隶属度函数，参见图 3 - 1 所示。

模糊控制的控制规则共有 9 条，分别为：

①If (e is NB) and (ec is NB) then (k_p is PB)(k_i is NB)(k_d is Z)

②If (e is NB) and (ec is Z) then (k_p is PB)(k_i is NB)(k_d is NB)

③If (e is NB) and (ec is PB) then (k_p is Z)(k_i is Z)(k_d is Z)

④If (e is Z) and (ec is NB) then (k_p is PB)(k_i is NB)(k_d is Z)

⑤If (e is Z) and (ec is Z) then ($k_p$is Z)(k_i is Z)(k_d is Z)

⑥If (e is Z) and (ec is PB) then (k_p is NB)(k_i is PB)(k_d is Z)

⑦If (e is PB) and (ec is NB) then (k_p is Z)(k_i is Z)(k_d is PB)

⑧If (e is PB) and (ec is Z) then (k_p is NB)(k_i is PB)(k_d is PB)

⑨If (e is PB) and (ec is PB) then (k_p is NB)(k_i is PB)(k_d is PB)

上述模糊控制器，表示的是这样一种映射关系：

当误差 e，误差变化率 ec 分别为各种情况组合时，模糊推理机得到的 K_p,K_i,K_d 参数的修正值。根据采用的算法不同，修正值并不一定是

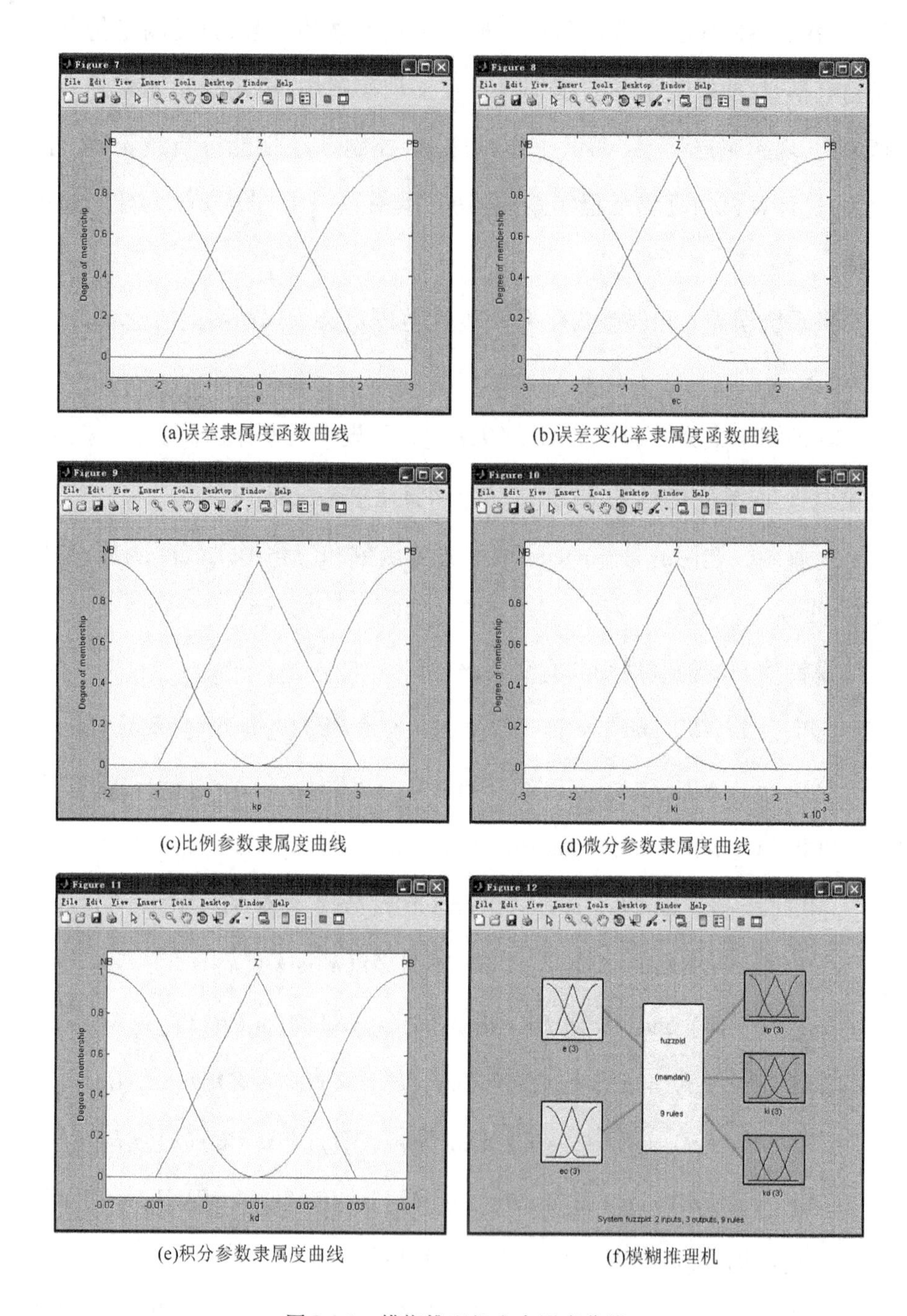

(a)误差隶属度函数曲线　(b)误差变化率隶属度函数曲线

(c)比例参数隶属度曲线　(d)微分参数隶属度曲线

(e)积分参数隶属度曲线　(f)模糊推理机

图 3－1　模糊推理机和隶属度曲线

K_p, K_i, K_d 的最终值，还要经过优化公式计算才能得到最终的 K_p，K_i, K_d。

3.1.1.2 **优化器的优化公式**

将模糊控制器输出的修正值 $O_{K_p}(e(k),ec(k))$、$O_{K_i}(e(k),ec(k))$、$O_{K_d}(e(k),ec(k))$，分别代入式3－1、式3－2和式3－3得到当前的优化器输出 $K_p(k)$、$K_i(k)$、$K_d(k)$。

$$K_p(k) = K_p(0) + O_{K_p}(e(k),ec(k)) \tag{3-1}$$

$$K_i(k) = K_i(0) + O_{K_i}(e(k),ec(k)) \tag{3-2}$$

$$K_d(k) = K_d(0) + O_{K_d}(e(k),ec(k)) \tag{3-3}$$

3.1.2 基于自适应模糊整定的 PID 参数在线优化整定系统仿真

使用 Matlab 编写基于自适应模糊整定的 PID 参数在线优化整定算法控制系统仿真程序，主要有以下三个关键步骤：

3.1.2.1 **确定 Matlab 仿真方法**

本书采用单纯使用 Matlab 语言编写优化器、控制器、被控对象和仿真系统的方法：①优化器在每个仿真周期运行一次；②控制器采用增量式数字 PID 算法；③被控对象（加热炉）采用二阶离散化模型。

3.1.2.2 **仿真规则**

通过阶跃响应和脉冲干扰来检验系统的动态和稳态性能。

（1）对于输入信号，系统运行后施加阶跃信号。

（2）对于采样周期，采用 $ts = 0.001$s，共计算 $P = 1\ 500$ 个采样周期。

（3）对于干扰信号，在第 1 000～1 010 个采样周期，加入持续的脉冲信号对控制器输出进行干扰，干扰信号的幅值相等，大小等于阶跃信号输入值的两倍。

(4)对输出的限制,对控制器输出采用工程中保障稳定性的方法进行限幅。

(5)为了对动态性能和稳态性能进行验证,将斜坡信号和加速度信号(指数信号)作为输入信号,这部分仿真结果和分析见本章稳态性能分析一节。

3.1.2.3 变量的初始化

(1)采样周期: $ts = 0.001$ 。

(2)被控对象模型: $G(s) = \dfrac{200}{s^2 + 30s + 1}$ 。

(3) K_p, K_i, K_d 参数初始值: $\begin{cases} K_p(0) = 1 \\ K_i(0) = 0.01 \\ K_d(0) = 0.000\,01 \end{cases}$ 。

(4)仿真周期: $k = 1\,500$ 。

(5)干扰周期起始时刻: $d\_k = 1\,000$;干扰周期长度: $l\_k = 10$ 。

(6)系统的输入信号为: $u(k) = 1$ 。

计算机仿真算法的流程图参见图 3 - 2。

计算机仿真结果参见图 3 - 3。

3.1.3 本方法计算机仿真结果的分析与小结

图 3 - 3(a)是整个加热过程中被控对象的温升 $y(k)$ 曲线,图 3 - 3(b)是当前温度与目标温度的误差 $e(k)$ 曲线。可以看出,在加热的前期加热速度较快,在接近目标值的阶段加热速度逐渐变慢,加热过程没有超调。图 3 - 3(c)是控制量 $u(t)$ 的输出曲线,在 1 000 至 1 010 秒采样点处对 $u(t)$ 叠加 10 秒钟的阶跃信号作为干扰,干扰信号导致系统中的曲线均有变化,使系统最终可以达到稳定运行的状态。

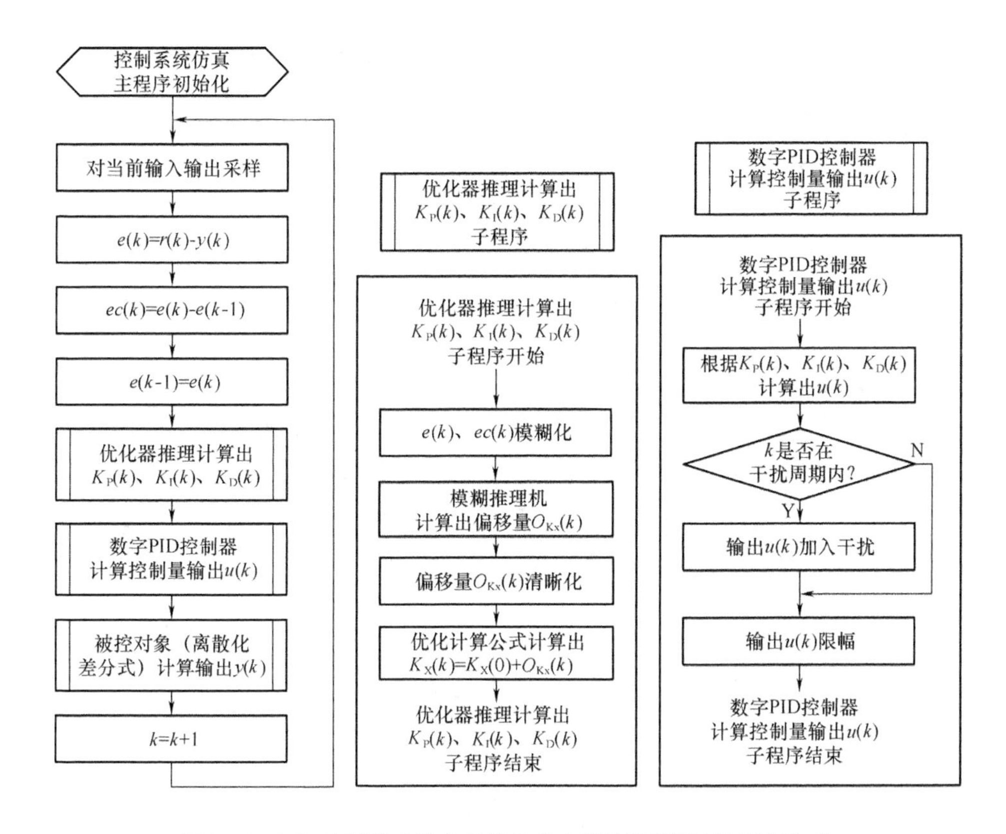

图 3 - 2　PID 控制器参数在线优化整定算法流程图(基于算法 1)

图 3 - 3(d)、图 3 - 3(e)、图 3 - 3(f)分别表示了系统运行过程中 P,I,D 三个参数的变化情况。与图 3 - 3(a)、图 3 - 3(b)、图 3 - 3(c)相对应,在加热前期,P,I,D 三个参数变化较明显,最终稳定在一定的数值上。

结论:基于自适应模糊整定的 PID 参数在线优化整定算法可以实现系统在运行过程中,根据系统自身的情况自动调整 P,I,D 参数,使系统输出达到控制指标并能够稳定运行,而且具备一定的抗干扰能力。

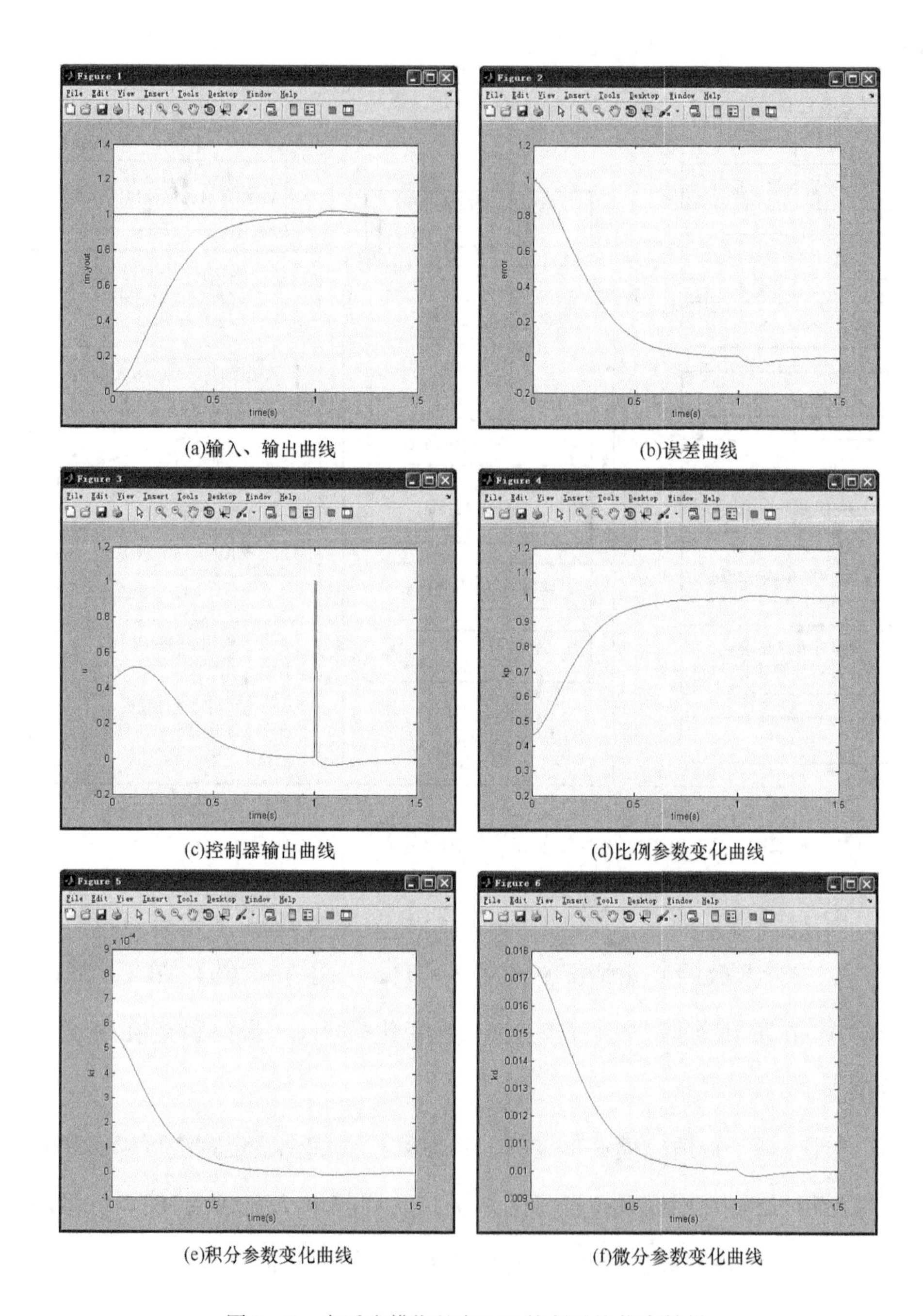

(a)输入、输出曲线　　(b)误差曲线

(c)控制器输出曲线　　(d)比例参数变化曲线

(e)积分参数变化曲线　　(f)微分参数变化曲线

图 3－3　自适应模糊整定 PID 控制系统仿真结果

3.2 基于增益式自适应模糊整定的 PID 参数在线优化整定方法

3.2.1 基于增益式自适应模糊整定的 PID 参数在线优化整定算法设计

3.2.1.1 优化器规则表

基于增益式自适应模糊整定的 PID 参数在线优化整定算法的控制规则表,如表 3－1 所示。

表 3－1 增量式自适应模糊 PID 优化器规则表

$A_{kp}(e,ec)$	$\vert e\vert \geqslant E_{high}$	$E_{low} \leqslant \vert e\vert < E_{high}$	$0 \leqslant \vert e\vert < E_{low}$
$\vert ec\vert \geqslant EC_{high}$	1	0.998	0.998
$EC_{low} \leqslant \vert ec\vert < EC_{high}$	1.002	1	1
$0 \leqslant \vert ec\vert < EC_{low}$	1.004	1.002	1

$A_{ki}(e,ec)$	$\vert e\vert \geqslant E_{high}$	$E_{low} \leqslant \vert e\vert < E_{high}$	$0 \leqslant \vert e\vert < E_{low}$
$\vert ec\vert \geqslant EC_{high}$	1	0.998	0.998
$EC_{low} \leqslant \vert ec\vert < EC_{high}$	1.002	1	1
$0 \leqslant \vert ec\vert < EC_{low}$	1.004	1.002	1

$A_{kd}(e,ec)$	$\vert e\vert \geqslant E_{high}$	$E_{low} \leqslant \vert e\vert < E_{high}$	$0 \leqslant \vert e\vert < E_{low}$
$\vert ec\vert \geqslant EC_{high}$	1.002	1.002	1.002
$EC_{low} \leqslant \vert ec\vert < EC_{high}$	1	1	0
$0 \leqslant \vert ec\vert < EC_{low}$	0.998	0.998	0.998

其中：E_{high} 取值 0.5，E_{low} 取值 0.2，EC_{high} 取值 0.002，EC_{low} 取值 0.001。

3.2.1.2 **优化器的优化公式**

将模糊控制器输出的修正值 $A_{K_p}(e(k),ec(k))$、$A_{K_i}(e(k),ec(k))$、$A_{K_d}(e(k),ec(k))$，代入式 3－4、式 3－5 和式 3－6 得到当前的优化器输出 $K_p(k)$、$K_i(k)$、$K_d(k)$。

$$K_p(k) = K_p(k-1) \cdot A_{K_p}(e(k),ec(k)) \tag{3-4}$$

$$K_i(k) = K_i(k-1) \cdot A_{K_i}(e(k),ec(k)) \tag{3-5}$$

$$K_d(k) = K_d(k-1) \cdot A_{K_d}(e(k),ec(k)) \tag{3-6}$$

3.2.2 基于增益式自适应模糊整定的 PID 参数在线优化整定系统仿真

使用 Matlab 编写基于自适应模糊整定的 PID 参数在线优化整定算法控制系统仿真程序，主要有以下三个关键步骤。

3.2.2.1 **确定 Matlab 仿真方法**

本书中单纯使用 Matlab 语言编写优化器、控制器、被控对象和仿真系统的方法：①优化器在每个仿真周期运行一次；②控制器采用增量式数字 PID 算法；③被控对象（加热炉）采用二阶离散化模型。

3.2.2.2 **仿真规则**

通过阶跃响应和脉冲干扰来检验系统的动态和稳态性能。

（1）对于输入信号，系统运行后施加阶跃信号。

（2）对于采样周期，采用 $ts = 0.001$s，共计算 $P = 1\,500$ 个采样周期。

（3）对于干扰信号，在第 1 000～1 010 个采样周期，加入持续的脉冲信号对控制器输出进行干扰，干扰信号的幅值相等，大小等于阶跃信号输入的两倍；

(4)对输出的限制，对控制器输出采用工程中保障稳定性的方法进行限幅；

(5)为了对动态性能和稳态性能进行验证，将斜坡信号和加速度信号(指数信号)作为输入信号，这部分仿真结果和分析见本章稳态性能分析一节。

3.2.2.3 **变量的初始化**

(1)采样周期：$ts = 0.001$。

(2)被控对象模型：$G(s) = \dfrac{200}{s^2 + 30s + 1}$。

(3) K_p, K_i, K_d 参数初始值：$\begin{cases} K_p(0) = 1 \\ K_i(0) = 0.1 \\ K_d(0) = 0 \end{cases}$。

(4)仿真周期：$k = 1\,500$。

(5)干扰周期起始时刻：$d\_k = 1\,000$；干扰周期长度：$l\_k = 10$。

(6)系统的输入信号为：$u(k) = 1$。

计算机仿真算法的流程图参见图3－4。

计算机仿真结果参见图3－5。

3.2.3 本算法计算机仿真结果的分析与小结

图3－5(a)是整个加热过程中被控对象的温升 $y(k)$ 曲线，图3－5(b)是当前温度与目标温度的误差 $e(k)$ 曲线。可以看出，在加热的前期加热速度较快，在接近目标值的阶段加热速度逐渐变慢，加热至稳定期间没有超调。图3－5(c)是控制量 $u(t)$ 输出曲线，在1 000至1 010秒采样点处对 $u(t)$ 叠加10秒钟的阶跃信号作为干扰，干扰信号导致系统各个曲线

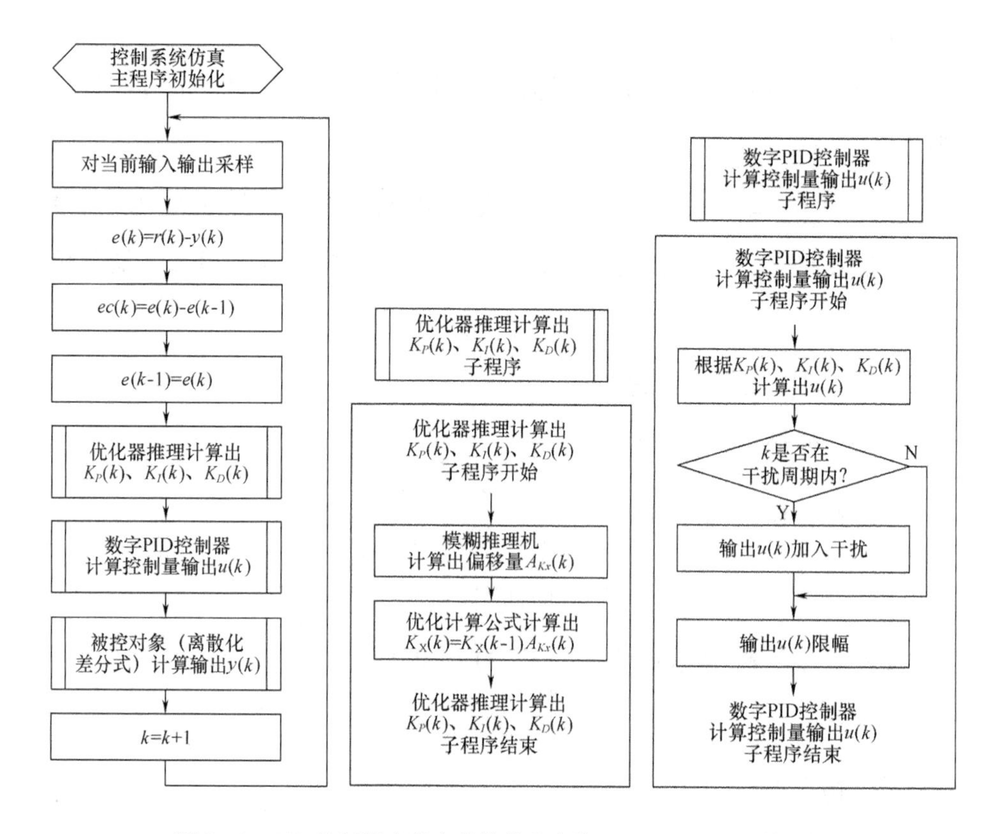

图 3 – 4　PID 控制器参数在线优化整定算法流程图（基于算法 2）

均有变化，系统最终可以达到稳定运行的状态。

图 3 – 5(d)、图 3 – 5(e)、图 3 – 5(f) 分别表示了系统运行过程中 P,I,D 三个参数的变化情况。与图 3 – 5(a)、图 3 – 5(b)、图 3 – 5(c) 相对应，在加热前期，P,I,D 三个参数变化较明显，最终稳定在一定的数值上。

结论：基于增益式自适应模糊整定的 PID 参数在线优化整定算法可以使系统在运行过程中，根据系统自身的情况自动调整 P,I,D 参数，使系统输出达到控制指标并能够稳定运行，而且具备一定的抗干扰能力。

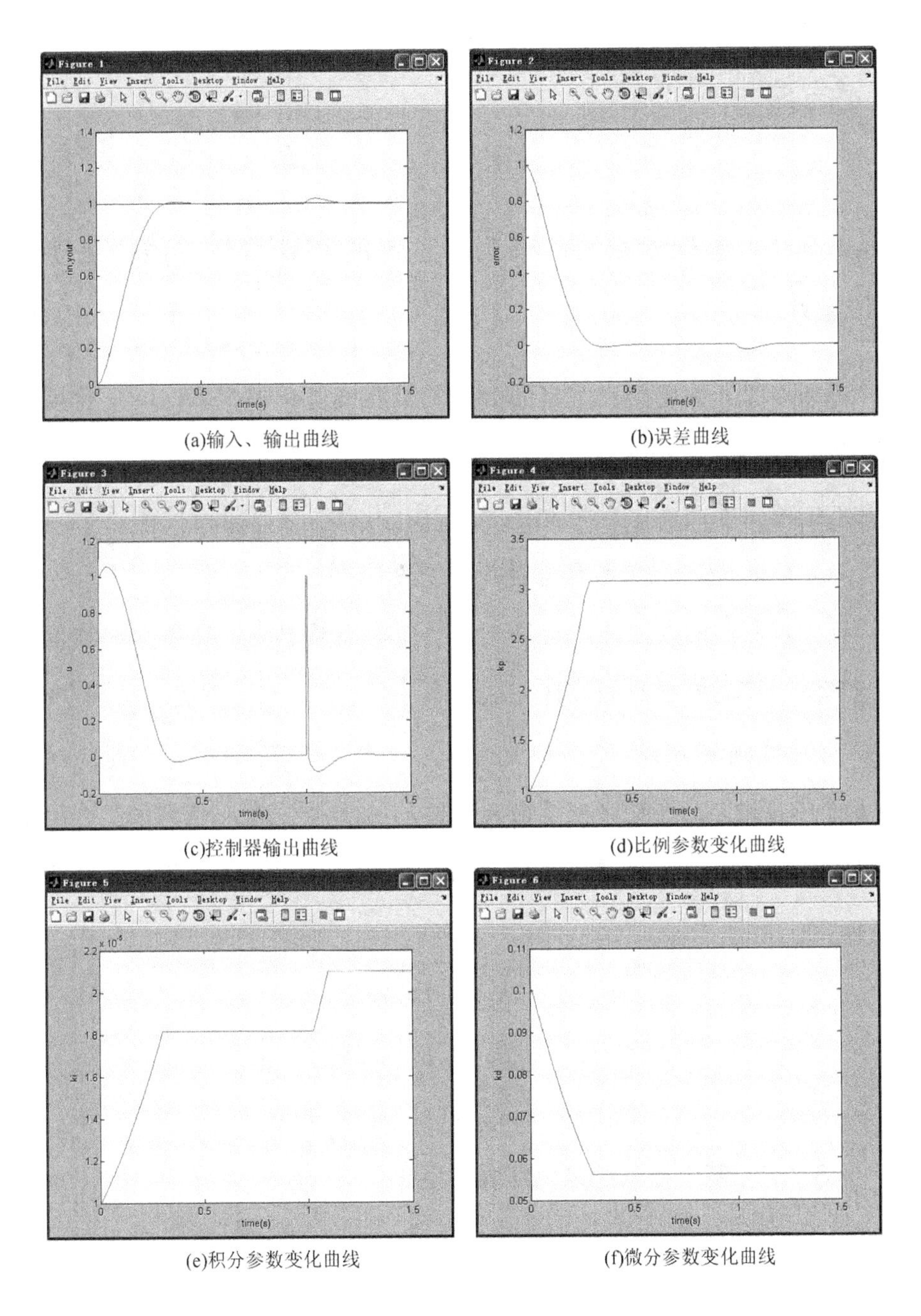

(a)输入、输出曲线 (b)误差曲线

(c)控制器输出曲线 (d)比例参数变化曲线

(e)积分参数变化曲线 (f)微分参数变化曲线

图 3－5　增益式自适应模糊整定 PID 控制系统仿真结果

3.3　基于专家经验规则表整定的 PID 参数在线优化整定方法

3.3.1　基于专家经验规则表整定的 PID 参数在线优化整定算法设计

基于专家经验规则表整定的 PID 参数在线优化整定算法的优化器有两种形式:一种是经典控制器的形式,一种是规则表的形式。上述任何一种形式的输出即为优化器的输出,无须用优化计算公式进行计算。

3.3.1.1　基于模糊控制器的优化器设计

模糊控制器的设计方法与基于自适应模糊整定的 PID 参数在线优化整定算法中模糊控制器的设计方法基本一致,本节不再重述。区别在于:模糊控制器的输出值 $R_{K_p}(e(k),ec(k))$ 、$R_{K_i}(e(k),ec(k))$ 、$R_{K_d}(e(k),ec(k))$ 的论域是由工程师根据输入误差 e 、误差变化率 ec 信号的组合给出的最终的本次优化输出的 $K_p(k)$、$K_i(k)$、$K_d(k)$,不需要再根据优化公式计算,即:

$$K_p(k) = R_{K_p}(e(k),ec(k)) \tag{3-7}$$

$$K_i(k) = R_{K_i}(e(k),ec(k)) \tag{3-8}$$

$$K_d(k) = R_{K_d}(e(k),ec(k)) \tag{3-9}$$

3.3.1.2　基于专家经验规则表的设计

本方法将专家的经验数据直接编写成控制规则表,且所使用的专家经验数据与模糊控制器设计时使用的专家经验数据是一致的,只是这些数据在模糊控制器设计时作为隶属度函数的中心点,而在专家经验规则表中直接填入控制规则表中误差 e 和误差变化率 ec 对应的位置上。专家经验规则表如表 3 – 2 所示。

表 3 – 2 专家经验规则表

$R_{K_p}(e,ec)$	$\lvert e \rvert \geq E_{high}$	$E_{low} \leq \lvert e \rvert < E_{high}$	$0 \leq \lvert e \rvert < E_{low}$
$\lvert ec \rvert \geq EC_{high}$	2.9	1.4	0.4
$EC_{low} \leq \lvert ec \rvert < EC_{high}$	3.0	1.5	0.5
$0 \leq \lvert ec \rvert < EC_{low}$	3.1	1.6	0.6

$R_{K_i}(e,ec)$	$\lvert e \rvert \geq E_{high}$	$E_{low} \leq \lvert e \rvert < E_{high}$	$0 \leq \lvert e \rvert < E_{low}$
$\lvert ec \rvert \geq EC_{high}$	0	0.000 005	0.000 01
$EC_{low} \leq \lvert ec \rvert < EC_{high}$	0	0.000 005	0.000 01
$0 \leq \lvert ec \rvert < EC_{low}$	0	0.000 005	0.000 01

$R_{K_d}(e,ec)$	$\lvert e \rvert \geq E_{high}$	$E_{low} \leq \lvert e \rvert < E_{high}$	$0 \leq \lvert e \rvert < E_{low}$
$\lvert ec \rvert \geq EC_{high}$	0	0.1	0.05
$EC_{low} \leq \lvert ec \rvert < EC_{high}$	0	0.05	0.02
$0 \leq \lvert ec \rvert < EC_{low}$	0	0.01	0.01

其中：E_{high} 取值 0.5，E_{low} 取值 0.2，EC_{high} 取值 0.002，EC_{low} 取值 0.001。

仿真程序运行后，系统每个采样周期都会根据系统输出值 e 和输出值变化率 ec 查出 k_p, k_i, k_d 的值，计算出当前系统输出的控制量 u。

仿真程序首先初始化 P, I, D 参数，分别取值为 0.4，1.0，0，这是系统运行前的参数。系统运行后将会根据在线优化整定 PID 控制规则对其调整，取连续的 500 个采样点。为了验证在线优化整定 PID 控制算法的抗干扰性，在采样时刻 $k=300$ 处，设置一个脉冲信号，通过这个脉冲响应，分析控制算法的抗干扰性能。

3.3.2 基于专家经验规则表整定的 PID 参数在线优化整定系统仿真

使用 Matlab 编写基于专家经验规则表的 PID 参数在线优化整定算法控制系统仿真程序，主要有以下三个关键步骤：

3.3.2.1 确定 Matlab 仿真方法

本书单纯使用 Matlab 语言编写优化器、控制器、被控对象和仿真系统的方法：①优化器在每个仿真周期运行一次；②控制器采用增量式数字 PID 算法；③被控对象（加热炉）采用二阶离散化模型。

3.3.2.2 仿真规则

通过阶跃响应和脉冲干扰来检验系统的动态和稳态性能。

（1）对于输入信号，系统运行后施加阶跃信号。

（2）对于采样周期，采用 $ts = 0.001\text{s}$，共计算 $P = 1\ 500$ 个采样周期。

（3）对于干扰信号，在第 1 000 ~ 1 010 个采样周期，加入持续的脉冲信号对控制器输出进行干扰，干扰信号的幅值相等，大小等于阶跃信号输入的两倍。

（4）对输出的限制，对控制器输出采用工程中保障稳定性的方法进行限幅。

（5）为了对动态性能和稳态性能进行验证，将斜坡信号和加速度信号（指数信号）作为输入信号，这部分仿真结果和分析见本章稳态性能分析一节。

3.3.2.3 变量的初始化

（1）采样周期：$ts = 0.001$ 。

(2)被控对象模型：$G(s)=\frac{200}{s^2+30s+1}$。

(3) K_p,K_i,K_d 参数初始值：$\begin{cases}K_p(0)=0\\K_i(0)=0\\K_d(0)=0\end{cases}$。

(4)仿真周期：$k=1\ 500$。

(5)干扰周期起始时刻：$d\_k=1\ 000$；干扰周期长度：$l\_k=10$。

(6)系统的输入信号为：$u(k)=1$。

计算机仿真算法的流程图参见图3－6。

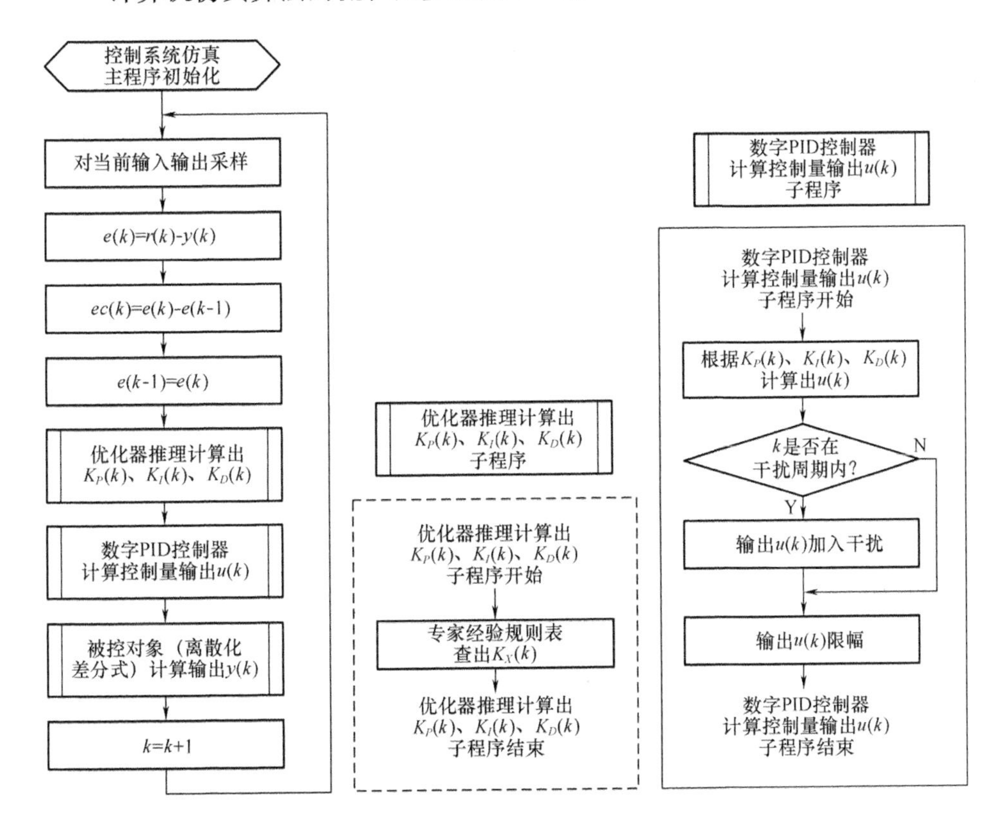

图3－6　PID控制器参数在线优化整定算法流程图(基于算法3)

计算机仿真结果参见图 3－7。

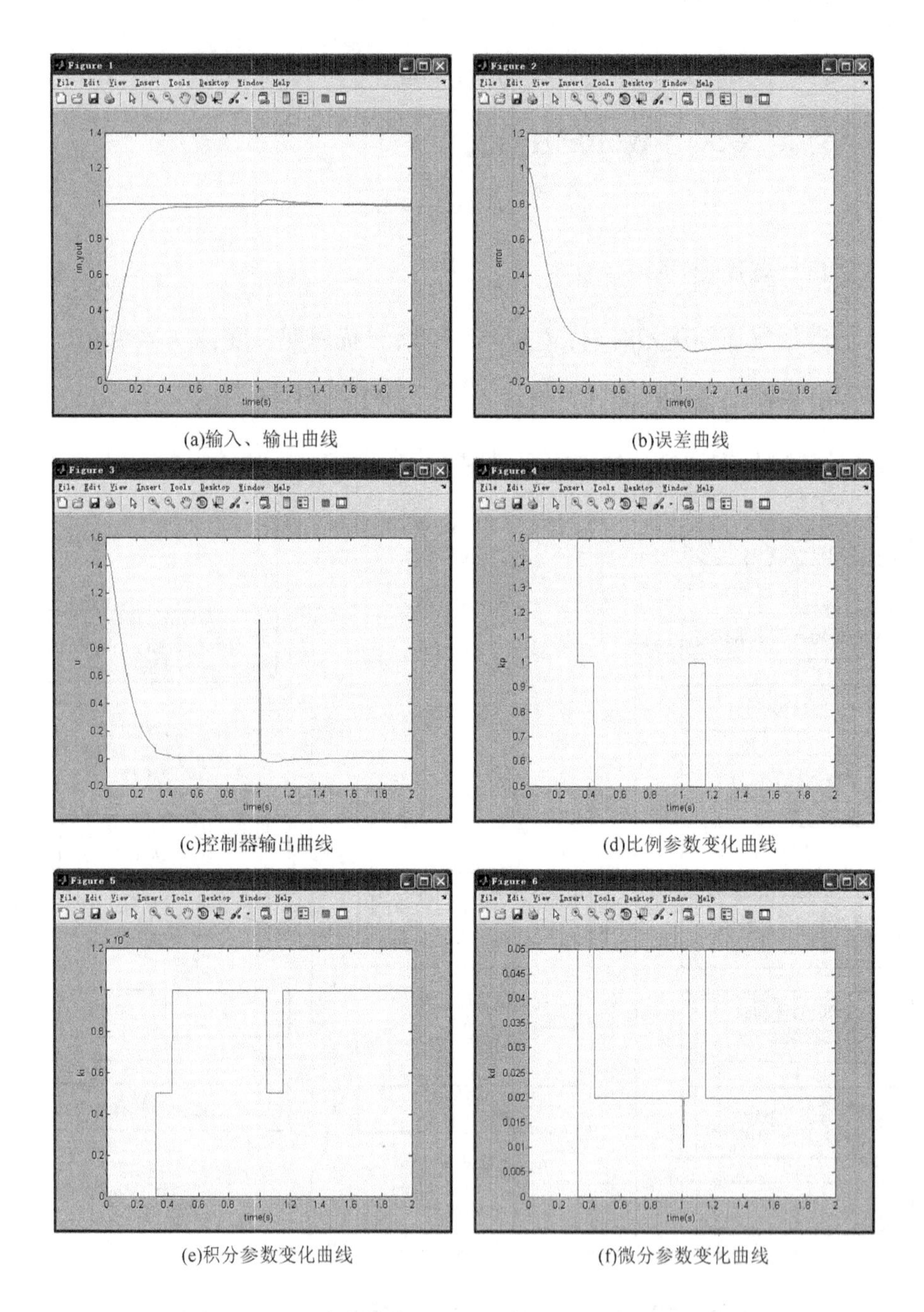

(a)输入、输出曲线

(b)误差曲线

(c)控制器输出曲线

(d)比例参数变化曲线

(e)积分参数变化曲线

(f)微分参数变化曲线

图 3－7　基于专家模糊规则表整定 PID 控制系统仿真结果

3.3.3 本方法计算机仿真结果的分析与小结

图 3－7(a)是整个加热过程中被控对象的温升 $y(k)$ 曲线,图 3－7(b)是当前温度与目标温度的误差 $e(k)$ 曲线。可以看出,在加热的前期加热速度较快,在接近目标值的阶段加热速度逐渐变慢,加热至稳定期间没有超调。图 3－7(c)是控制量 $u(t)$ 输出曲线,在 1 000 至 1 010 秒采样点处对 $u(t)$ 叠加 10 秒钟的阶跃信号作为干扰,干扰信号导致系统各个曲线均有变化,系统最终可以达到稳定运行的状态。

图 3－7(d)、图 3－7(e)、图 3－7(f)分别表示了系统运行过程中 P,I,D 三个参数的变化情况。与图 3－7(a)、图 3－7(b)、图 3－7(c)相对应,在加热前期,P,I,D 三个参数变化较明显,最终稳定在一定的数值上。

结论:基于专家经验规则表整定的 PID 参数在线优化整定算法可以实现系统在运行过程中,根据系统自身的情况自动调整 P,I,D 参数,使系统的输出达到控制指标,能够稳定运行,并且具备一定的抗干扰能力。

3.4 各种 PID 参数在线优化整定算法的性能分析

在本节中,首先将对三种 PID 参数在线优化整定算法进行比较分析,再将 PID 参数在线优化整定算法与普通 PID 控制算法的控制系统计算机仿真结果进行比较分析,在上述动态性能分析完成后,进行稳态性能分析。同时,整个分析过程也是对第 2 章理论推导的验证、分析过程,还为第 4 章算法的硬件实现做好了准备工作。

3.4.1 各种 PID 参数在线优化整定的对比分析

为了有效地对比上述三种 PID 参数在线优化整定算法,在计算机仿真程序中，除了 PID 控制参数的初值和优化器参数外，控制系统其他部分的结构和参数都完全一致。通过对比三种 PID 参数在线优化整定算法的仿真结果，可以得到以下结论。

(1)三种 PID 参数在线优化整定算法均能够实现在控制系统运行过程中，优化器根据控制误差和误差变化率自适应的调节 PID 参数，使控制系统达到控制目标并保持稳定。

(2)三种 PID 参数在线优化整定算法中，采用了模糊控制器的优化器得到的 PID 三个参数在线优化整定过程中形成的曲线最为平滑，这是由于模糊控制器输出的连续性导致的。

(3)三种 PID 参数在线优化整定算法中，直接采用了专家经验规则表和 PID 参数整定增量较大的优化器的控制系统，系统的响应速度要快，这是由于 PID 三个参数本身响应速度较快导致的。

三种 PID 参数在线优化整定算法对比的结论参见表 3－3。

表 3－3　专家经验规则表

	算法 1	算法 2	算法 3
优化器方法	自适应模糊 PID 优化器	增量式自适应模糊 PID 优化器	专家经验规则表优化器
上升时间 T_r	相对最慢	相对适中	相对最快
稳定时间 T_s	相对最慢	相对适中	相对最快
超调量 M_p	无	无	无
控制曲线 $u(t)$	初期较小，变化较为缓慢	初期适中，变化速度适中	初期较大，变化较为快
控制参数 K_p、K_i、K_d	曲线较为平滑，突变较少	曲线平滑度适中，略有突变区域	分段、突变明显，对干扰反应明显
特点	整个过程较为平稳	介于两者之间	反应速度相对快

3.4.2 PID 参数在线优化整定方法与普通 PID 控制方法的对比分析

本试验以基于专家经验规则表的 PID 参数在线优化整定算法与普通 PID 控制算法仿真结果的对比为例,验证 PID 控制器参数在线优化整定算法对控制曲线形状的改造能力。

普通 PID 控制算法的参数设置为:

$$K_p = 3$$

$$K_i = 0$$

$$K_d = 0$$

根据表 3-2 可以查到:基于专家经验规则表的 PID 参数在线优化整定算法在控制曲线上升前 50% 阶段的 P, I, D 三个参数,也为:

$$K_p(k) = R_{K_p}(e, ec) = 3$$

$$K_i(k) = R_{K_i}(e, ec) = 0$$

$$K_d(k) = R_{K_d}(e, ec) = 0$$

系统运行 2 000 个采样周期后,计算机仿真结果如图 3-8 所示。

图 3-8(a)为普通 PID 控制算法仿真结果,图 3-8(b)为基于专家经验规则表的 PID 参数在线优化整定算法仿真结果。可以看出,基于专家经验规则表的 PID 参数在线优化整定算法在曲线上升至目标值 50% 的时候和普通 PID 控制采用完全相同的 P, I, D 控制参数,因此拥有相同的上升速度。但在曲线上升至目标值的 50% 后,K_p, K_i, K_d 三个参数会根据当前的 e, ec 进行调整,以保证控制曲线不出现超调量的性能指标要求。同样在 0.4 时刻,两种控制方法均进入了误差要求范围内的稳定阶段。

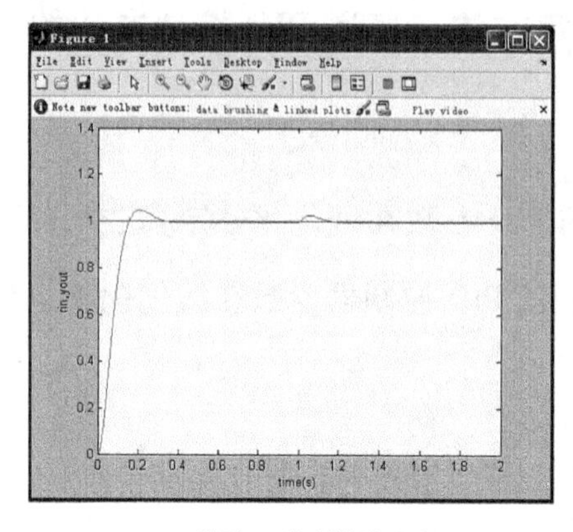

(a)普通PID控制算法仿真

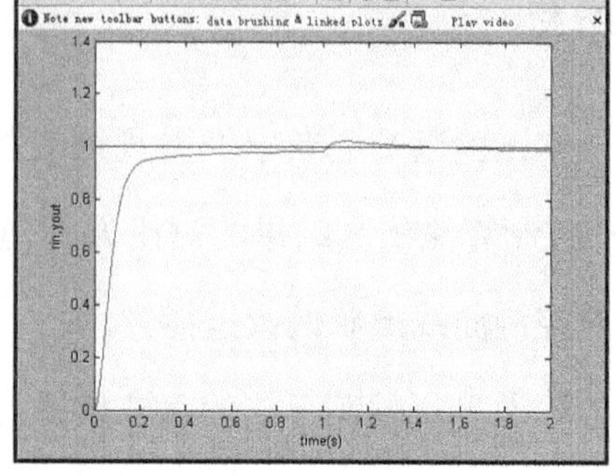

(b)基于专家经验规则表的PID参数在线优化整定算法仿真

图 3－8　PID 参数在线优化整定方法与普通 PID 控制方法计算机仿真

结论：本试验可以验证，采用了专家经验规则表的 PID 参数在线优化整定算法可以通过在线调整变 P,I,D 控制参数的方式，解决普通 PID 方法中存在的快速性和稳定性不可兼得的弊端，既可以使得加热前期速度最快，又可以保证消除这种大比例系数控制造成的超调问题，对普通 PID 控制方法有了明显的改善。该方法不仅可以实现复杂的控制性能指标要求，还可以实现在线优化整定算法自身具有的自动整定的功能。

3.4.3　各种 PID 参数在线优化整定算法的稳定性分析

通过对三种 PID 参数在线优化整定算法计算机仿真结果的分析，如图 3－5(a)、图 3－6(a)、图 3－7(a)所示的控制曲线，可以认为，应用第 2 章稳定性分析中给出的参数设计方法，加上工程上可以保证稳定性的限幅方法后的 PID 参数在线优化整定算法可以达到稳定状态。

通过对三种 PID 参数在线优化整定算法运行过程的扰动试验，如图 3－5(c)、图 3－6(c)、图 3－7(c)所示的对控制量叠加的扰动信号，可以认为,本书提出的三种 PID 参数在线优化整定算法具有一定的抗干扰能力。

3.4.4 各种 PID 参数在线优化整定算法的稳态性能分析

为了分析 PID 参数在线优化整定算法的动态性能,结合第 2 章关于稳态性能的理论推导,本节选取基于自适应模糊整定的 PID 参数在线优化整定算法组成的控制系统为代表,通过其对斜坡响应和加速度响应的仿真曲线,得到并验证其动态性能。

3.4.4.1 PID 参数在线优化整定算法斜坡响应试验

基于自适应模糊整定的 PID 参数在线优化整定算法斜坡响应的仿真程序与基于自适应模糊整定的 PID 参数在线优化整定算法阶跃响应的仿真程序的唯一区别是系统的输入改为:

$$r(k) = k \tag{3-10}$$

其他参数变量和设计方法不变,系统仿真结果如图 3-9 所示。

图 3-9(a)是整个加热过程中被控对象的温升 $y(k)$ 曲线,图 3-9(b)是当前温度与目标温度的误差 $e(k)$ 曲线。可以看出,对于基于自适应模糊整定的 PID 参数在线优化整定算法的系统,具有跟踪斜坡响应的能力,但是存在静态误差。

图 3-9(c)是控制量 $u(t)$ 输出曲线,在 1 000 至 1 010 秒采样点处对 $u(t)$ 叠加 10 秒钟的阶跃信号作为干扰,干扰信号导致系统各个曲线均有变化,系统最终可以克服干扰,以恒定的稳态误差追踪系统的输入。

图 3-9(d)、图 3-9(e)、图 3-9(f)分别表示了系统运行过程中 P,I,D 三个参数的变化情况。与图 3-9(a)、图 3-9(b)、图 3-9(c)相对应,在加热前期,P,I,D 三个参数变化较明显,最终稳定在一定的数值上。

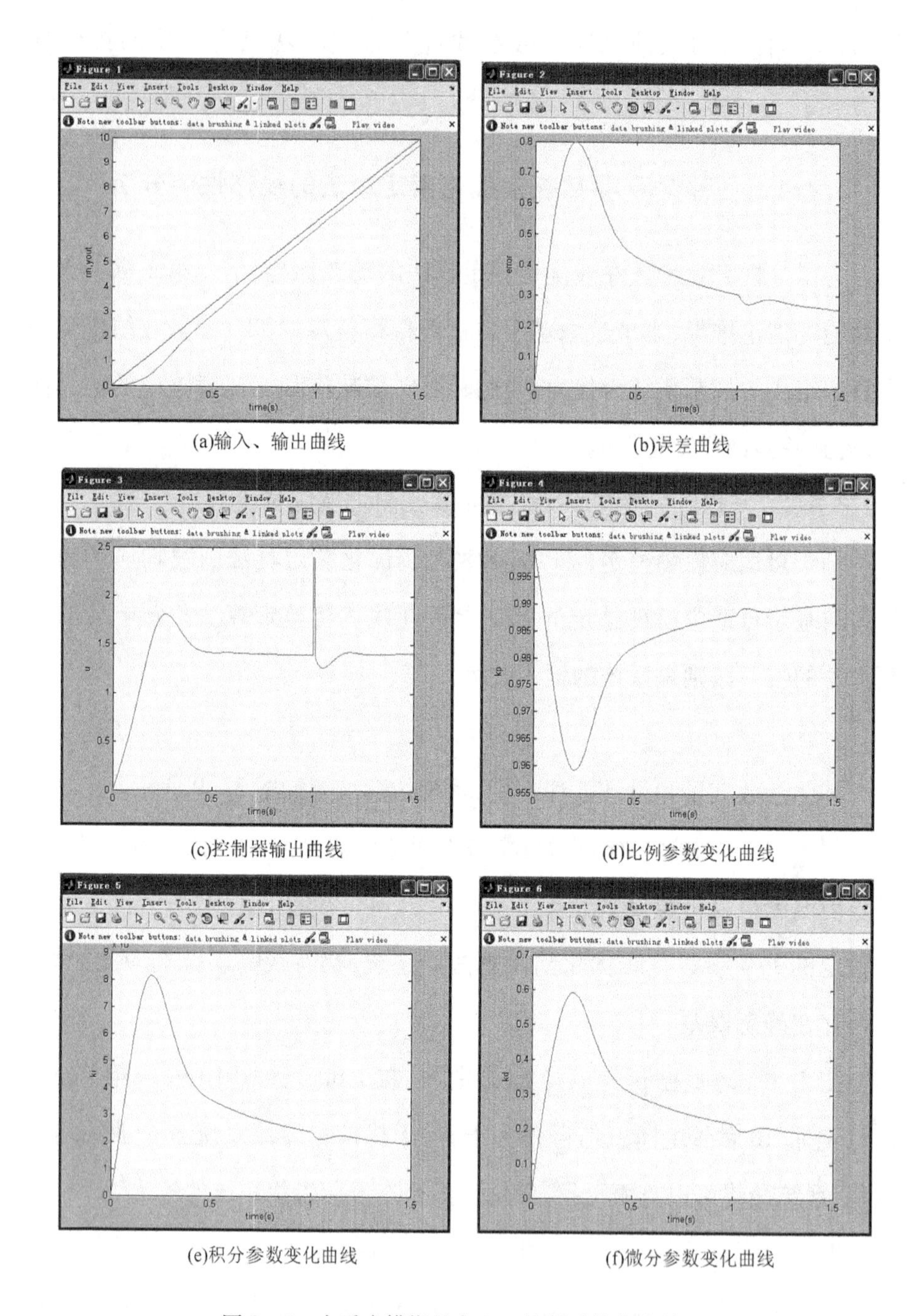

(a)输入、输出曲线　(b)误差曲线

(c)控制器输出曲线　(d)比例参数变化曲线

(e)积分参数变化曲线　(f)微分参数变化曲线

图 3－9　自适应模糊整定 PID 控制系统仿真结果

结论:基于专家经验规则表整定的 PID 参数在线优化整定算法可以使系统在运行过程中,根据系统自身的情况自动调整 P、I、D 参数,使系统以恒定的稳态误差追踪斜坡输入信号,并且具备一定的抗干扰能力,与第 2 章对系统加速度响应的稳态性能分析结果一致。

3.4.4.2　**PID 参数在线优化整定算法斜坡响应试验**

基于自适应模糊整定的 PID 参数在线优化整定算法加速度响应的仿真程序与基于自适应模糊整定的 PID 参数在线优化整定算法阶跃响应的仿真程序的唯一区别是系统的输入为:

$$r(k) = a \cdot k^2 \tag{3-11}$$

式 3-11 中的 a 为一个比例系数,防止在仿真过程中,输入信号的加速度过大,使得 PID 控制器的输出过早地进入饱和状态。

其他参数变量和设计方法不变,系统仿真结果如图 3-10 所示。

图 3-10(a)是整个加热过程中被控对象的温升 $y(k)$ 曲线,图 3-10(b)是当前温度与目标温度的误差 $e(k)$ 曲线。可以看出,对于基于自适应模糊整定的 PID 参数在线优化整定算法的系统,没有跟加速度响应的能力,即存在的静态误差无限制地增大。

图 3-10(c)是控制量 $u(t)$ 输出曲线,从曲线的走势中可以看出,在保证系统稳定的参数范围内,控制量已经饱和。图 3-10(d)、图 3-10(e)、图 3-10(f)分别表示了在系统运行过程中 P,I,D 三个参数的变化情况。与图 3-10(a)、图 3-10(b)、图 3-10(c)相对应,P,I,D 三个参数变化较明显,直至控制量输出饱和。

结论:基于专家经验规则表整定的 PID 参数在线优化整定算法可以在运行过程中,根据系统自身的情况自动调整 P,I,D 参数,但无法使系统追踪加速度输入信号,与第 2 章对系统斜坡响应的稳态性能分析结果一致。

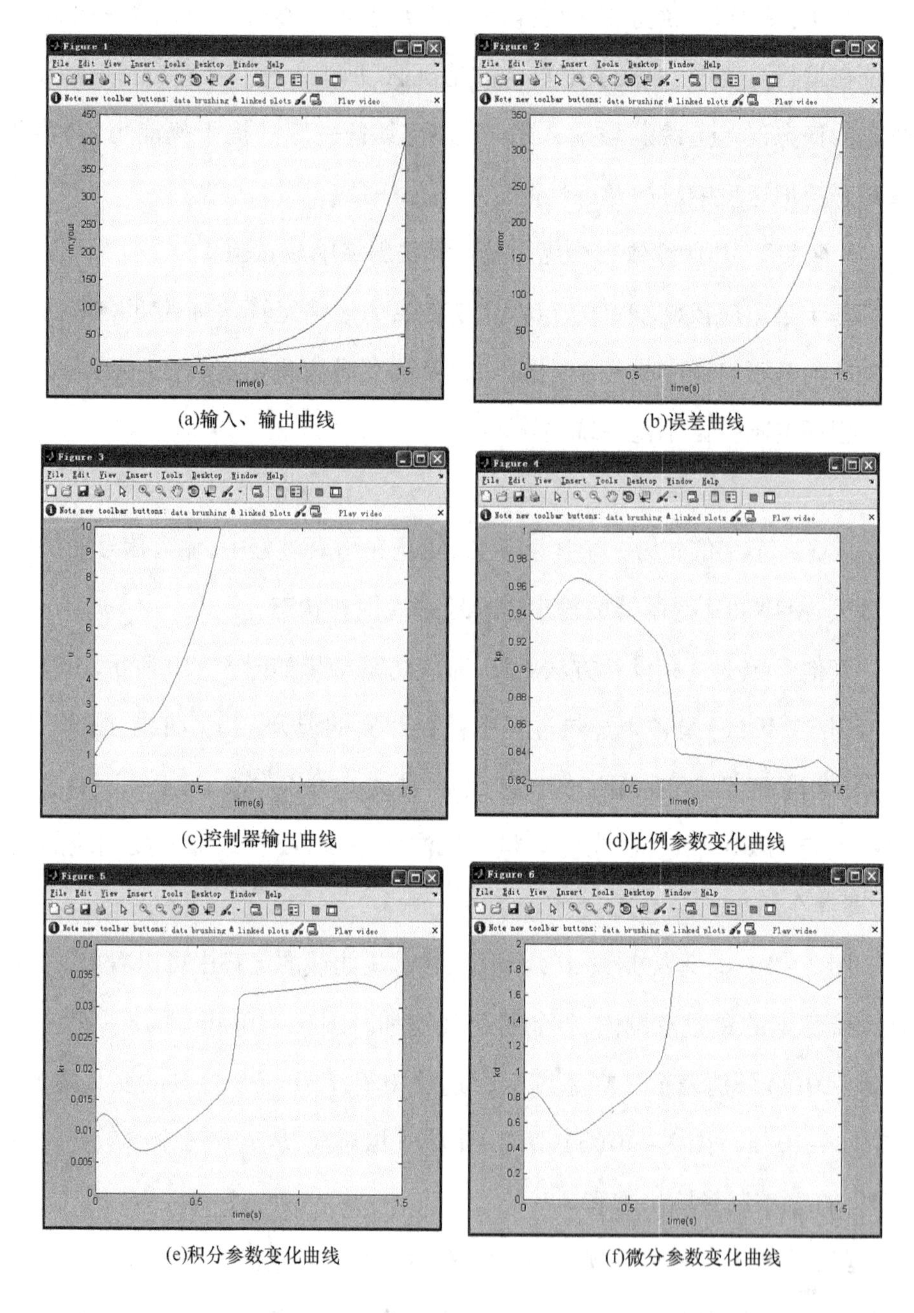

(a)输入、输出曲线　(b)误差曲线

(c)控制器输出曲线　(d)比例参数变化曲线

(e)积分参数变化曲线　(f)微分参数变化曲线

图 3－10　自适应模糊整定 PID 控制系统仿真结果

4 控制器参数在线优化整定方法对实际工程项目的改造

本章以实验室正在进行的燕山石化 60 路 PID 温度控制系统改造实际工程为例,在对硬件系统进行改造的基础上,使用 PID 参数在线优化整定方法对原有的普通 PID 控制方法进行改造。对实际系统进行了硬件的设计和算法设计,并进行了联调,实现了第 1 章中提出的项目改造目标,并验证了控制器参数在线优化整定方法的可行性、稳定性、动态性能、稳态性能和控制指标等。

4.1 燕山石化 60 路 PID 温控系统的改造方案概述

对燕山石化 60 路 PID 温控系统的改造目标是满足系统运行几年来,甲方(使用方)发现的问题和提出的新需求,主要由以下三个方面构成。

4.1.1 问题需求

(1)现有控制方法的问题(本书主要研究内容)主要是:重复调试,调试时间长,内部(被控对象存在的差别)、外部(环境的变化)不确定因素对控制效果产生干扰影响,因此 PID 控制器参数需要在线自动优化整定。

(2)硬件改造的问题:当系统 60 路加热通道的某一路出现故障后,对这一路的维修最好不要影响其他通道的正常工作。有可能需要维修的关键设备最好选用较为成熟的工业控制产品,维修时可直接更换,减少生产损失,降低对维修人员的专业技术水平要求。

(3)性能指标的要求:

①目标加热温度 T_f 在 200℃ ~250℃;

②加热上升时间、稳定时间 T_s 尽可能短;

③首次达到目标值后超调量 $M_{p_1} < 3$ ℃;

④稳定后波动范围 $|e(t)| = |y(t) - r(t)| < 0.3$ ℃;

⑤当目标加热温度 T_f 发生变化时,再次到目标值后超调量 $M_{p_1} < 3$ ℃;

⑥当目标加热温度 T_f 发生变化时,再次稳定后波动范围 $|e(t)| < 0.3$℃。

4.1.2 问题解决

针对上述改造目标,在工程项目中分别采用不同的方法加以解决。

(1)对于控制方法的问题,作为本书研究的重点,以三种基于专家经验的通过模糊控制为手段的 PID 控制器参数在线优化整定算法加以解决,通过理论推导、计算机仿真的方法加以分析和验证。

(2)对于硬件改造问题,改用总线控制结构和硬件:将原系统 60 路必须同时工作的方式进行分组,4 路分为一组,由 15 组可以独立运行的加热通道构成。当改造后的系统中有一路加热通道出现问题时,最多只有 4 路加热通道停止工作,不会耽误其余 56 路通道的生产工作。

PID 控制器和变送器直接购买成熟模块,改造后的系统成为由总线连接模块的结构,在使用过程中如果某个模块出现了故障,工程师只需把问题定位到相应模块将其更换即可,不用研究模块内部的硬件电路问题。

(3)对于性能指标的要求,主要通过两种方法解决:发挥经典 PID 控制算法本身的优势,通过对实验室中搭建的单路加热系统的反复实验,得到控制系统在整个加热过程中各个阶段的特点、问题,以及对应的 K_p,K_i,K_d 参数取值。

根据本项目的特点,选择 PID 控制器参数在线优化整定算法,使得该算法解决经典 PID 无法解决的问题,并根据不同阶段在线修正 K_p,K_i,K_d 参数取值,根据被控对象和环境的差异和变化,在线对 K_p,K_i,K_d 进行调整。

4.2 燕山石化 60 路温控系统的硬件实验环境的搭建

从验证 PID 控制器参数需要为在线优化整定算法搭建硬件实验环境的角度看,燕山石化 60 路温度控制系统的单个加热通道,具备了三个实验条件:①上位机(计算机)运行的监控程序可以实现控制算法,并能够进行数据采集监控,它通过 RS485 协议和执行器(执行器是指除了具有输出功能,还具有信号采集功能的控制器)相连接,实现和执行控制器的通信;②下位机[37](执行器)可以将上位机传来的控制信号,转换成为相应的 0~220V 电压输出,还可以将变送器传来的温度采集信息发送给上位机;③被控对象是一个大惯性[38]的加热炉,特性接近一个二阶模型,0~220V 电压加在电阻丝两端对炉体进行加热,通过 Pt100 传感器采集炉体内温度,并通过变送器将温度采集结果送回执行器。单加热回路示意图参见图 4-1。

加热系统的硬件电路设计[39,40]如图 4-2 所示,220V 电源通过空气开关和过温保护开关后接入加热炉主回路,空气开关的作用是在主回路电流过大时切断主回路,过温保护开关的作用是在炉内温度过高(超过正常控

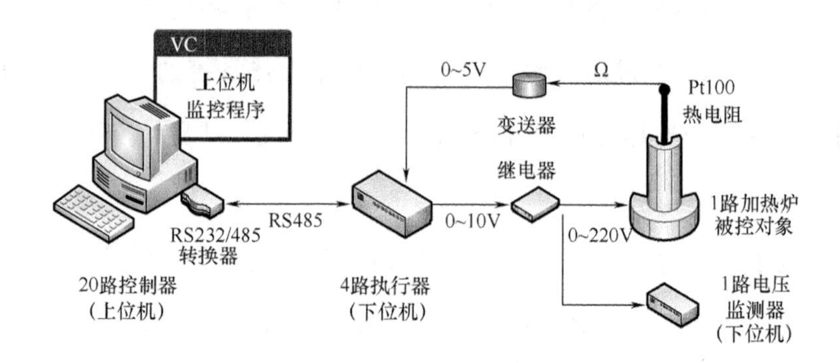

图 4-1　单温度加热回路示意图

制范围,即失控)时切断主回路,以保护主回路中的各种装置。执行器的 D/A 输出接到固态继电器上,给负载(加热炉)进行加热,主回路通过了电流互感器的感应端,电流互感器的输出接发光管,以监视当前主回路的通断状态。

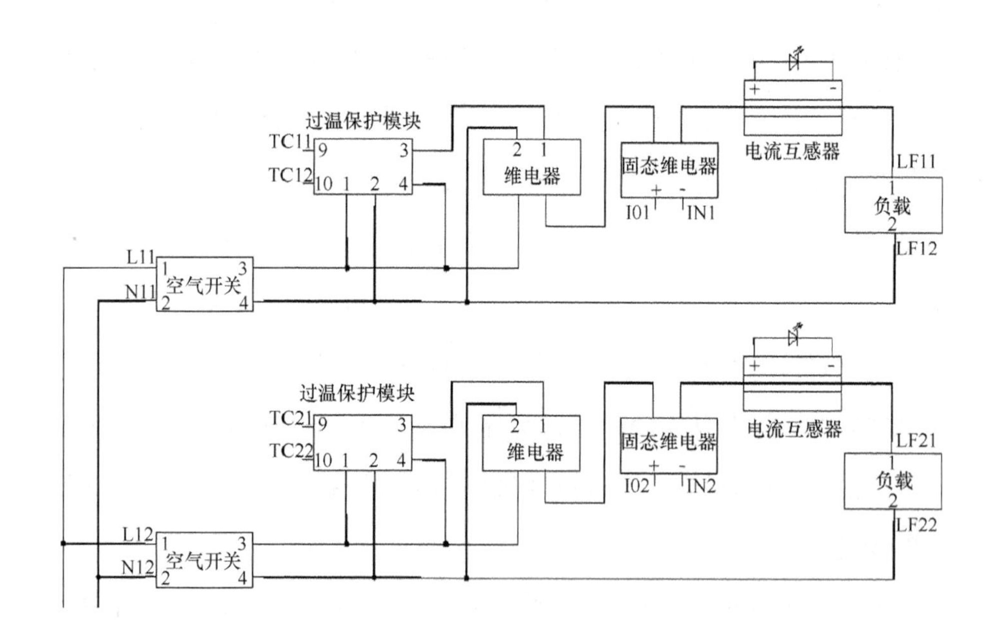

图 4-2　前两路温度加热装置原理图

加热系统的执行器和变送器的连接如图 4 - 3 所示,每个变送器可以接入 2 路传感器,传感器使用的是 Pt100 温度传感器,变送器可以将 Pt100 温度传感器采集的温度模拟信号(电阻值)直接转换成温度数字信号(温度值)显示在面板上。变送器输出 4 ~ 20mA 标准传感器电流信号,接到执行器的 A/D 输入端,通过并联 50 欧电阻,将信号转换为 200mV ~ 1V 执行器所能接受的电压信号。执行器通过 RS485 接口与计算机相连接。

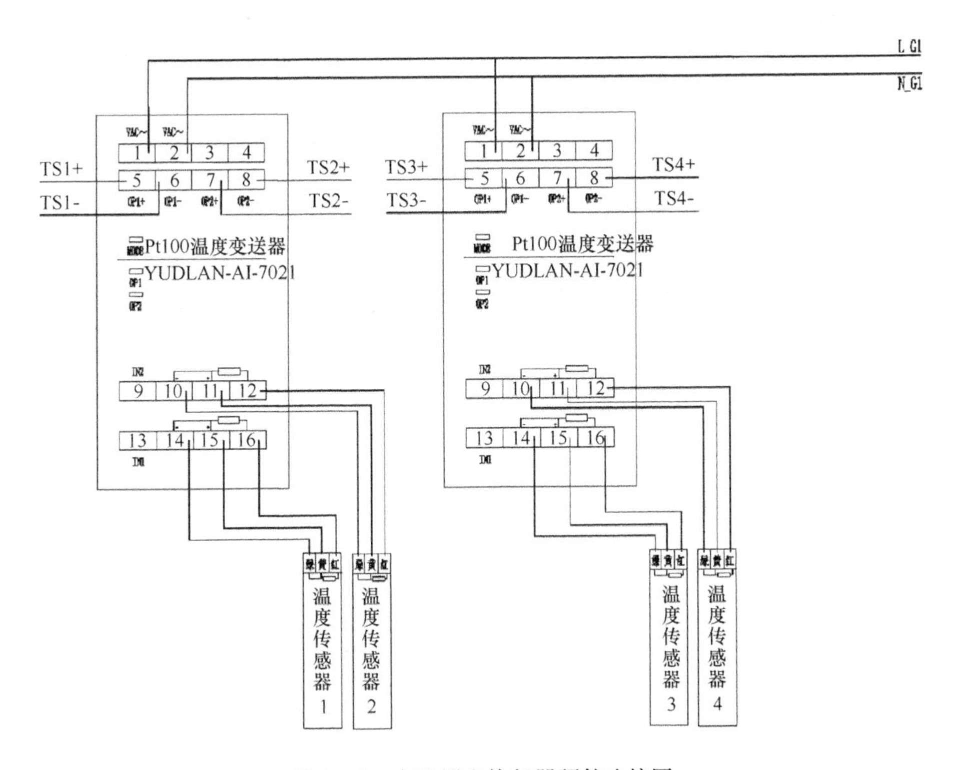

图 4 - 3 变送器和执行器硬件连接图

系统连接实物图如图 4 - 4 所示,左侧的计算机是上位机,中间的示波器在调试过程中代替电流互感器和发光管来监控加热状态,仪表车上绿色的盒子即为变送器和执行器,右侧配有显示和设置面板,仪表车上桶状的设备即为加热炉,Pt100 温度传感器插在加热炉内部,加热炉左侧连接执行器和加热炉的黑色小方块状设备是固态调压器,连接计算机串口与执行器的白色小方块状设备是 RS232/485 转换器。

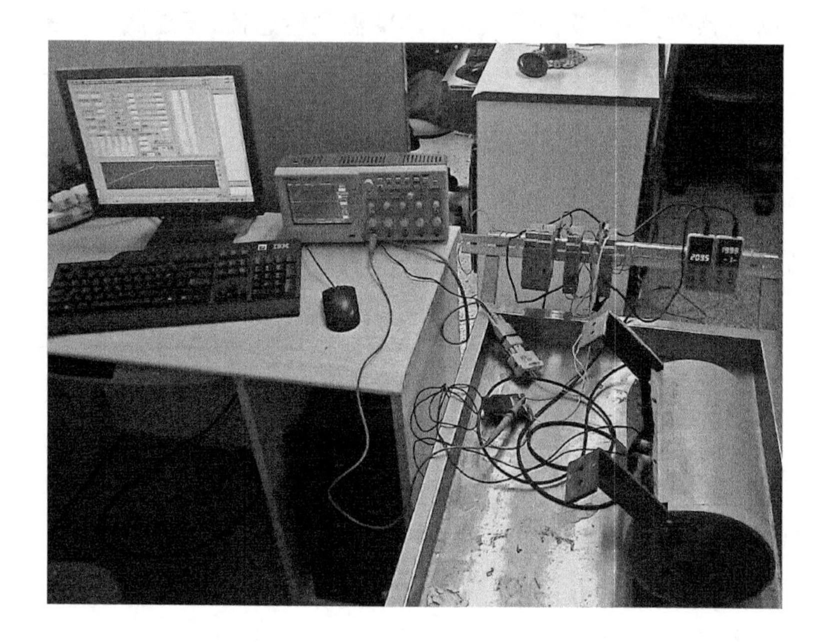

图 4－4　在线优化整定 PID 控制系统全貌

4.3　优化器的设计

针对本项目的需求，既要保证加热前期的快速性，又要保证加热中期超调量小、甚至没有，还要保证加热后期稳态性能好（静差小、波动小），并且使控制系统根据自身的硬件差异和外部环境自适优化整定控制参数。普通 PID 控制算法采用的同一组 K_p,K_i,K_d 控制参数很难完成控制任务。根据第 2 章、第 3 章对三种 PID 控制器参数需要在线优化整定算法的分析和比较，本书选择基于专家经验规则表整定的 PID 控制器参数在线优化整定算法作为本项目控制的算法，原因有以下两个方面。

原因 1：基于专家经验规则表整定的 PID 控制器参数在线优化整定算

法可以直接将经验 K_p,K_i,K_d 写入控制规则表中与误差 e 和误差变化率 ec 相应的位置。而经验注入控制规则表的过程,不用通过数学推导转换模型。这样做的好处是使控制规则表物理意义明确,便于工程师实施。

原因 2:基于专家经验规则表整定的 PID 控制器参数在线优化整定算法,由于输出 K_p,K_i,K_d 的组合情况是固定的,使得工程师对控制的结果有把握,保证输出不会出现未知的情况,有利于控制系统的稳定。“结果可控且稳定”是实际项目中最被关切的地方。

为了进一步保证系统的稳定性,本系统的设计中补充如下控制规则,保证系统运行更稳定:

规则 1:当加热对象当前温度与目标温度的差大于 3℃时,采用全速加热参数,即采用图 4-5 所示的控制监视界面中输入的全速控制 PID 参数值,通常情况下是纯比例控制参数;

规则 2:当加热对象当前温度与目标温度的差小于等于 3℃时,切换到在线优化整定 PID 控制方式,不再采用纯比例控制参数加热;

规则 3:系统加热采样时间为 $ts=10$ 秒,进入在线优化整定 PID 控制方式后每次启动优化控制器的采样周期是 $T_{aec}=300$ 秒。温差 e 为当优化控制器的采样周期到达采样时刻时,采集的当前温度和目标温度的差值;累计温度波动 ec 为在每个采样周期 $T_{aec}=300$ 秒内,每隔 $ts=10$ 秒采集的温度变化绝对值的累加求和。即

设 $i=1,2\cdots30$ 表示在 $T_{aec}=300$ 秒的 30 个采样点,则

$$e=T(30) \tag{4-1}$$

$$ec=\sum_{i=1}^{30}|T(i)-T(i-1)| \tag{4-2}$$

规则 4:全速加热根据温差 e 和温差变化率的累加值 ec 确定,优化器规则表见表 4-1。

表 4－1　专家经验规则表

$1/k_p$	$e>3$℃	1℃ $<e\leqslant 3$℃	0.3℃ $\leqslant e<1$℃
$ec>10$	50	50	50
$1<ec\leqslant 10$	50	50	100
$ec\leqslant 1$	50	100	100

$1/k_i$	$e>3$℃	1℃ $<e\leqslant 3$℃	0.3℃ $\leqslant e<1$℃
$ec>10$	0	1 000	1 000
$1<ec\leqslant 10$	0	1 000	1 000
$ec\leqslant 1$	0	500	500

k_d	$e>3$℃	1℃ $<e\leqslant 3$℃	0.3℃ $\leqslant e<1$℃
$ec>10$	0	1 000	1 000
$1<ec\leqslant 10$	0	1 000	1 000
$ec\leqslant 1$	0	500	500

4.4　系统实际运行

4.4.1　调试平台

根据系统特点，设计了在线优化整定 PID 调试平台如图 4－5，主要由 5 个部分组成。

（1）系统设置部分，可以设定输出的通道号、使用的通信端口、采样间隔和目标温度。

（2）指令编解码部分，可以将待下传的 PID 参数值、温度值按照执行器通信协议的格式进行封装,并将执行器返回的封装的 PID 参数和温度信息解码。

(3)时间序列温度数据库部分,可以将连续采集的数据一次存入数据库,并将上一次采集的结果从数据库中提取出来。

(4)在线优化整定 PID 参数库,可以将在线优化整定 PID 控制规则表存入数据库当中,并实时根据当前采集温度、温度变化率以及在线优化整定 PID 控制规则表,查找更新 P,I,D 参数。

(5)曲线绘制部分,可以实时显示采集的结果和历史数据。

4.4.2 实验过程

以下是实验的过程:

4.4.2.1 全程加热实验

设定的采样间隔为 10s,设定温度为 200℃,从室温开始加热,初始的 P,I,D 参数设置为 50,0,0,采用表 4-1 中的专家经验作为控制规则,使系统在运行过程中 P,I,D 参数不断更新,得到最佳的控制曲线。运行结果如图 4-5。

该过程描述见表 4-2 所示:在加热的第 25 分钟,系统第一次达到从全速加热到在线优化整定 PID 控制的交界点,系统参数根据优化器将 $1/K_p,1/K_i,K_d$ 更新为 50,1 000,1 000;系统大约运行到 35 分钟,第一次稳定在 195.7℃,优化器将 $1/K_p,1/K_i,K_d$ 更新为 50,500,500;系统大约运行到 40 分钟,第二次稳定在 198.5℃,优化器将 $1/K_p,1/K_i,K_d$ 更新为 100,500,500;系统大约运行到 45 分钟,第三次稳定在 199.9℃,此时系统符合控制要求,参数优化停止。此过程中,改进后的在线优化整定 PID 算法能根据各个加热阶段的稳态误差调节参数,消除这些稳态误差。

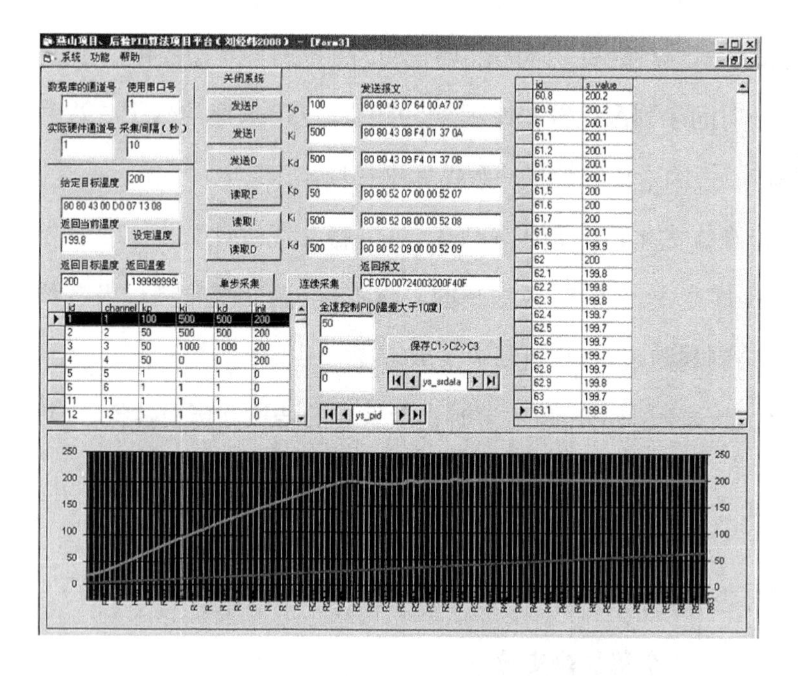

图 4－5　在线优化整定 PID 控制稳定全过程

在采用在线优化整定 PID 算法的加热过程中，超调量始终小于 0.3℃，而采用经典 PID 控制算法的加热系统，如果想使加热系统在 40 分钟内达到稳定，超调量大约是 3℃～5℃。如果希望经典 PID 算法实现无超调或小超调完成加热过程，就必须牺牲快速性。而采用经典 PID 控制算法的加热系统，如果想保证系统超调量小于 1℃，则需要系统运行时间大于 1 小时。因此，本改进算法可以更好地完成控制工艺的要求。

表 4－2　在线优化整定 PID 控制稳定全过程参数调节过程

时间	阶段	温度℃	稳态误差℃	超调	$1/K_p$	$1/K_i$	K_d
25 分钟	上升	197.1	2.9	无	50	0	0
30 分钟	一次稳定	195.7	4.3	无	50	1 000	1 000
35 分钟	二次稳定	198.5	0.8	无	50	500	500
40 分钟	三次稳定	199.9	0.1	<0.3℃	100	500	500

系统运行后，控制人员只需输入全速加热的参数，通常是纯比例控制参数即可，系统运行后将会自动根据运行的实时结果和环境自动选择优化的参数，从而达到自动寻找优化参数的目的。

在线优化整定 PID 在 1 小时的调节过程中，优化器共新生成了三组参数，系统从室温开始加热，上升时间 $T_r<25$ 分钟，稳定调节时间 $T_s<40$ 分钟，超调 $M_p<3$℃，稳定后波动幅度 $de<0.3$℃。

4.4.2.2　变目标加热实验

目标值由 200℃上升到 205℃时，系统运行结果如图 4－6 所示，稳定过程大约为 10 分钟左右，超调量 $M_p<1$℃。

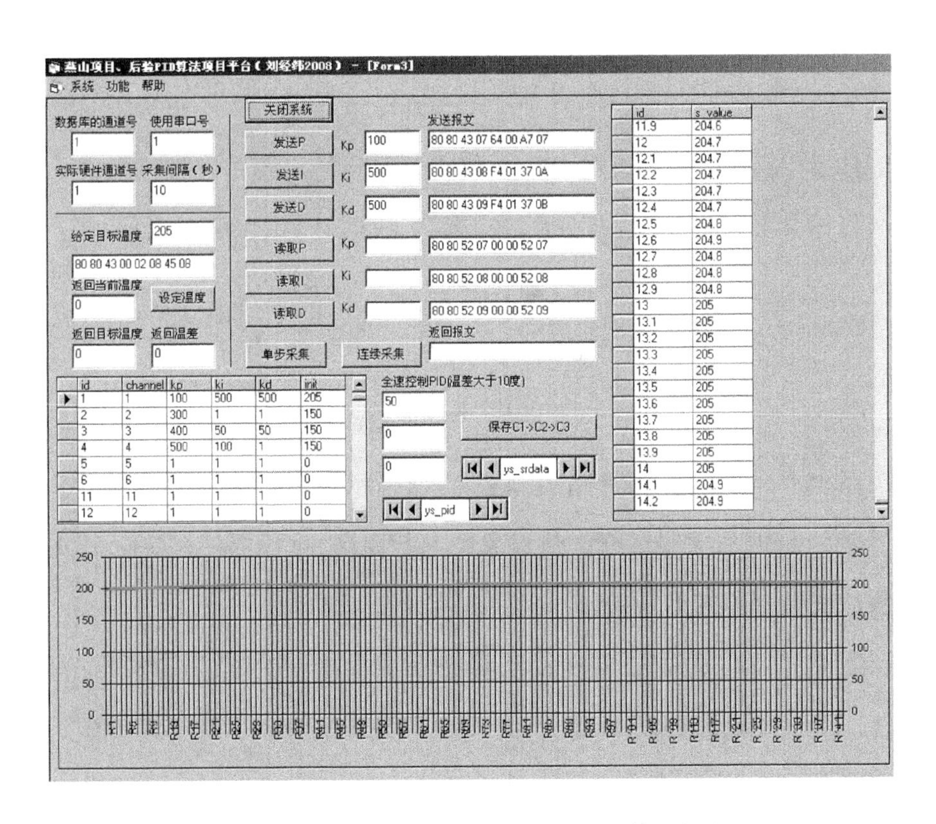

图 4－6　在线优化整定 PID 控制改变目标值稳定过程

4.6 工程改造前后的结果分析

同第 3 章计算机仿真结果对比分析的方法保持一致,本试验以基于专家经验规则表的 PID 参数在线优化整定算法与普通 PID 控制算法应用于实际加热控制系统的运行结果进行对比,验证 PID 控制器参数在线优化整定算法在实际硬件环境下,对控制曲线形状的改造能力。

普通 PID 控制算法的参数设置为:

$$K_p = 50$$

$$K_i = 0$$

$$K_d = 0$$

基于专家经验规则表的 PID 参数在线优化整定算法在控制曲线上升至与目标温度相差 3℃的 P,I,D 三个参数,根据表 4－1 可知同样也是:

$$K_p(k) = R_{K_p}(e,ec) = 50$$

$$K_i(k) = R_{K_i}(e,ec) = 0$$

$$K_d(k) = R_{K_d}(e,ec) = 0$$

系统运行 60 分钟,运行结果如图 4－7 所示。其中横轴表示时间,全程大约是 1 小时;纵轴是最终加热对象炉内的温度,目标温度是 200℃,加热过程从室温 25℃左右开始,最高温度不会超过 250℃。

图 4－7(a)为普通 PID 控制算法在实际加热系统上的实验结果,图 4－7(b)为基于专家经验规则表的 PID 参数在线优化整定算法在实际加热系统上的实验结果。

可以看出,采用普通 PID 控制算法的加热系统在最大加热速度加热的过程中到达目标值大约用时 30 分钟,产生了将近 10℃的超调量,不符合工

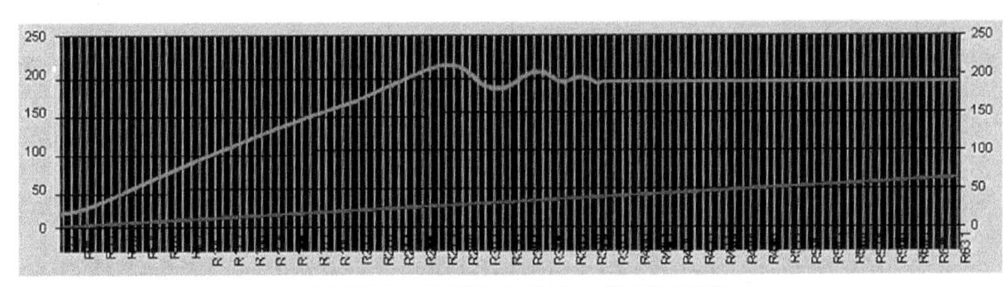

(a)普通PID控制算法硬件系统运行结果

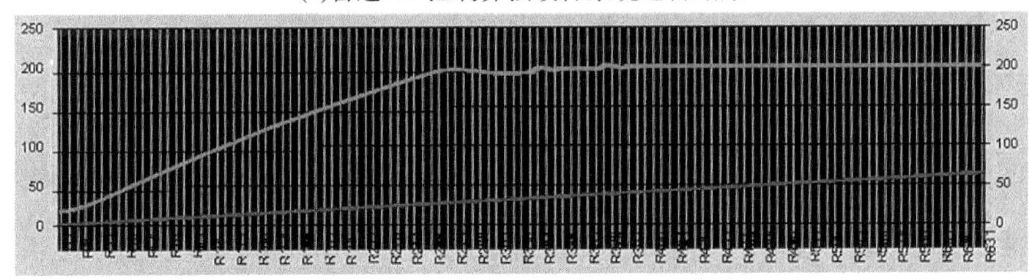

(b)基于专家经验规则表的PID参数在线优化整定算法硬件系统运行结果

图 4－7　PID 参数在线优化整定方法与普通 PID 控制方法硬件系统运行结果

艺要求，如果要降低超调量至 3℃，必须要减少比例值，使整个加热过程延长 30 分钟左右；而且这种最快速的加热过程存在一定的稳态误差。

改进的基于专家经验规则表的 PID 参数在线优化整定算法在曲线上升到达目标值 3℃前，采用的是与普通 PID 控制算法相同的 P,I,D 控制参数值，因此具有同样的快速加热效果。但在曲线上升到达目标值 3℃后，会根据专家经验控制规则表（见表 4－1），调整 P,I,D 控制参数，使得减小比例作用 K_p，增加积分、微分作用 K_i,K_d，减小超调量，减缓温度变化并消除静差。改进后的基于专家经验规则表的 PID 参数在线优化整定算法通过在线对 K_p,K_i,K_d 三个参数根据当前的 e,ec 进行调整，实现了在不牺牲加热速度的前提下，改善性能指标的目的。

结论 1：整个控制器参数调整优化的过程都是由算法自身实现的，在线参数优化整定的过程没有人的参与，实现了 60 路温控系统根据自身硬件特点和工作环境自动整定调适参数的设计目标。

结论 2:采用了专家经验规则表的 PID 参数在线优化整定算法可以通过在线调整 P,I,D 控制参数的方式,解决普通 PID 方法中存在的快速性和稳定性不可兼得的弊端,既可以使得加热前期速度最快,又可以消除这种大比例系数控制造成的超调问题,对普通 PID 控制方法有了明显的改善。该方法不仅可以实现复杂的控制性能指标要求,还可以实现在线优化整定算法自身具有的自动整定的功能。

在工程实践中,在线优化整定 PID 算法在实际项目中能够实现设计提出的要求,在线自动调整 P,I,D 参数,逐步消除各个加热阶段的稳态误差,并能够在保证快速性的基础上减小超调量,使系统输出达到稳定的目标值。

本研究得到的 PID 控制器参数在线优化整定算法在工程项目中的应用中,体现出如下三个优点:

(1)控制系统可以根据控制系统的性能指标要求,实现一些较为特殊的控制曲线。

(2)在保证性能指标的前提下,可以最大限度地提高控制系统的快速性。

(3)控制系统可以根据内部和外部的不确定性因素,自适应地优化控制器参数,达到更好的控制效果。

项目改造的完成情况见表 4-3。

表 4-3　项目改造的完成情况

	控制要求	完成情况
1	目标加热温度 T_f 在 200℃ ~250℃	完成
2	加热上升时间、稳定时间 T_s 尽可能短	接近峰值。T_s 接近不考虑超调量时 T_s 全速加热的最小值

续表

	控制要求	完成情况
3	首次达到目标值后超调量 M_{p_1} <3℃	完成并提高。首次达到目标值后超调量 M_{p_1} <1℃
4	稳定后波动范围 $\|e(t)\|=\|y(t)-r(t)\|$ <1℃	提高。稳定后波动范围 $\|e(t)\|=\|y(t)-r(t)\|$ <0.3℃
5	当目标加热温度 T_f 发生变化时，再次到目标值后超调量 M_{p_1} <3℃	完成并提高。当目标加热温度 T_f 发生变化时，再次到目标值后超调量 M_{p_1} <1℃
6	当目标加热温度 T_f 发生变化时，再次稳定后波动范围 $\|e(t)\|$ <1℃	完成并提高。当目标加热温度 T_f 发生变化时，再次稳定后波动范围 $\|e(t)\|$ <0.3℃
7	当系统 60 路加热通道的某一路出现故障后，对这一路的维修最好不要影响其余通道的正常工作	基本完成。每 4 路为最小单位，没发生故障的通路可以继续工作
8	有可能需要维修的关键设备最好选用较为成熟的工业控制产品，维修时直接更换坏件，减少生产损失，降低对维修人员的水平要求	基本完成。发生故障时，工程师只需将故障定位到 PID 控制器、变送器模块，直接更换模块即可
9	实现 PID 控制参数在线优化整定方法，确保控制系统的稳定性、动态性能和稳态性能	初步完成（理论推导、计算机仿真、控制系统性能分析、工程实践应用验证）

5　本研究获得的实用新型专利与发明专利

本书提出的各种方法已经获得了实用新型专利和国家发明专利，本章将对相关专利进行公开发表，希望能够对该领域的工作者提供有益的帮助。实用新型证书和国家发明专利授权证书如图 5－1 所示。

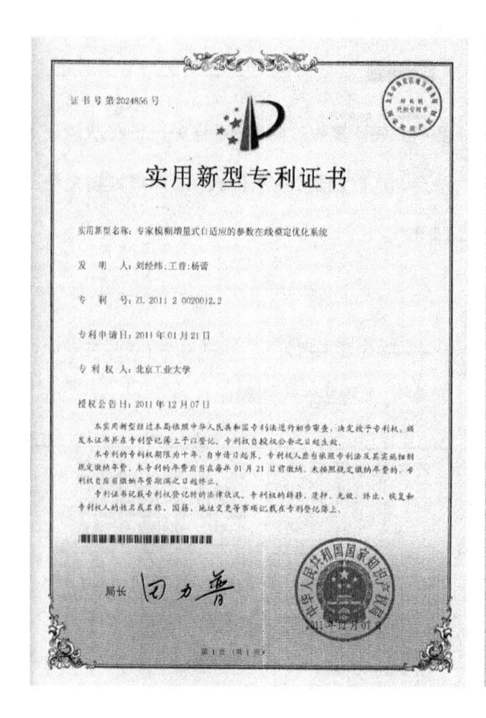

证书号第2024856号

实用新型专利证书

实用新型名称：专家模糊增量式自适应的参数在线整定优化系统

发　明　人：刘经纬；王普；杨蕾

专　利　号：ZL 2011 2 0020012.2

专利申请日：2011年01月21日

专利权人：北京工业大学

授权公告日：2011年12月07日

本实用新型经过本局依照中华人民共和国专利法进行初步审查，决定授予专利权，颁发本证书并在专利登记簿上予以登记。专利权自授权公告之日起生效。

本专利的专利权期限为十年，自申请日起算。专利权人应当依照专利法及其实施细则规定缴纳年费。本专利的年费应当在每年01月21日前缴纳。未按照规定缴纳年费的，专利权自应当缴纳年费期满之日起终止。

专利证书记载专利权登记时的法律状况。专利权的转移、质押、无效、终止、恢复和专利权人的姓名或名称、国籍、地址变更等事项记载在专利登记簿上。

局长　田力普

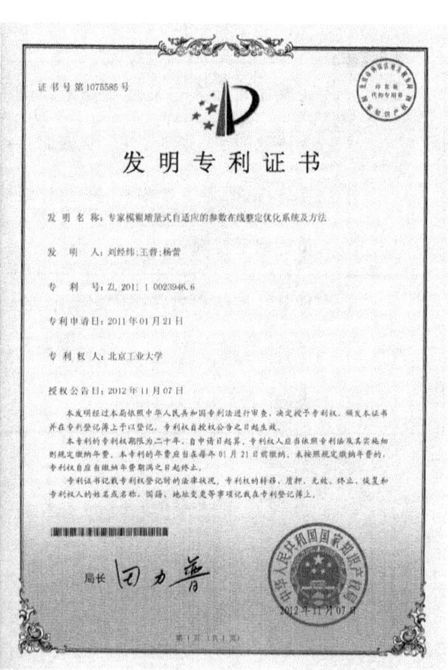

证书号第1075585号

发明专利证书

发明名称：专家模糊增量式自适应的参数在线整定优化系统及方法

发　明　人：刘经纬；王普；杨蕾

专　利　号：ZL 2011 1 0023946.6

专利申请日：2011年01月21日

专利权人：北京工业大学

授权公告日：2012年11月07日

本发明经过本局依照中华人民共和国专利法进行审查，决定授予专利权，颁发本证书并在专利登记簿上予以登记。专利权自授权公告之日起生效。

本专利的专利权期限为二十年，自申请日起算。专利权人应当依照专利法及其实施细则规定缴纳年费。本专利的年费应当在每年01月21日前缴纳。未按照规定缴纳年费的，专利权自应当缴纳年费期满之日起终止。

专利证书记载专利权登记时的法律状况。专利权的转移、质押、无效、终止、恢复和专利权人的姓名或名称、国籍、地址变更等事项记载在专利登记簿上。

局长　田力普

图 5－1　实用新型专利证书和发明专利证书

5.1　技术领域

本发明提出了一种专家模糊增量式自适应的参数在线整定优化系统及方法，可应用到控制、人工智能等领域。

5.2　背景技术

目前，模拟控制主要以 PID 控制等经典控制方法为主，也有一部分系统采用了模糊控制和神经网络控制等智能控制算法。这些针对确定被控对象、确定工作环境的控制方法被称为经典控制方法，而采用的具体算法被称为经典控制算法。经典控制算法在不同方面各有所长，但也存在着应用的局限性。经典控制算法存在着如下共性：

（1）控制器参数的整定工作是在系统投入使用之前进行的。在开发阶段，工程师凭借经验和现场试验完成对控制器参数的整定，参数配置的完成往往伴随着项目的完成和交付而终结。因此，系统控制参数在实际运行中不会改变，即被控对象无法根据在运行过程中得到的环境信息调整和优化算法及算法参数。

（2）对于很多同样的调试单元，例如在一个项目中多路相同的被控对象，由于对象之间或多或少地存在差异，因此重复调试工作不可避免；特别对于带有延迟、滞后或大惯性的被控对象来说，针对每一个被控对象的调试都会消耗大量的时间，占用大量的人力物力。

（3）对于多路同样的调试单元，由于其工作环境有所差别，即使在系统运行前进行了分别的调试，系统运行后被控对象的工作环境有了变化后控制参数却不能随之改变,使得控制效果变差,甚至误差增加,导致系统不稳定。

以 PID 控制器参数整定方法为例,现有的最好的在线整定优化算法是模糊自适应整定 PID 控制方法,该算法采用以 PID 参数初始值为中心点通过模糊控制对中心点进行修正的方法,实现 PID 控制器参数的在线整定优化。这种方法适用于那些工程中工程师可以对 PID 参数的初始值能够做出较为准确的估算的情况。但其会受 PID 初始值的限制,如果控制回路差异大、工程师对参数整定的经验不足或者是控制器的最优参数超出模糊控制器的输出范围,该方法将无法实现对控制器参数的有效整定优化。

5.3 发明内容

5.3.1 发明目的

本发明的目的是找到一种方法,能够让控制系统在运行前经过初步配置,开始运行后系统能够根据系统运行后的加热炉和环境的差异,自动将控制参数调整到最佳值。本发明解决了经典控制方法存在的三个问题:

(1)物理结构相似的多个控制回路由于工作环境变化或存在差异,控制器参数无法根据工作环境的差异和不确定性,在线自整定优化。

(2)物理结构相似的多个控制回路由于被控对象存在差别,控制器参数无法根据被控对象的差异和不确定性,在线自整定优化。

(3)物理结构相似的多个控制回路需要反复进行控制参数整定,控制器参数无法自动完成这一重复工作,在线自整定优化。

5.3.2 技术方案

为了实现上述目的,本发明采取了图 5 - 2 所示的技术方案。

本发明中的专家模糊增量式自适应的参数在线整定优化系统由控制单元 100,控制总线 110 和主工作站 120 三个部分组成。系统共有 S 个控制单元 100,每个控制单元 100 的通信接口均通过控制总线 110 与主工作站 120 相连接,主工作站 120 通过控制总线 110 与 S 个控制单元 100 进行通信。其中,s 取值为大于等于 1 的整数。每个控制单元 100 包括 L 个传感器 101, N 个变送器 102,1 个控制器 103, L 个执行单元 104 和 L 个被控对象 105。其中,每个变送器 102 连接 M 个传感器 101,每个控制器 103 连接 N 个变送器 102,其中 $L = M \times N$,L、M、N 均为大于等于 1 的整数。

本发明中的专家模糊增量式自适应的参数在线整定优化系统,使用1 个主工作站 120,通过控制总线 110 控制 S 个控制单元 100,实现对系统中的 T 个被控对象 105 的控制,其中 $T = L \times S$,S 取值为大于等于 1 的整数。

对于每个控制单元 100,存在如下连接关系:传感器 101 的感应端与被控对象 105 的待测点连接,将待测点的待测信息转换成为模拟信号。传感器 101 的输出端与变送器 102 的一个输入端相连,变送器 102 将传感器 101 采集的模拟信号转换成标准化的待测信号。变送器 102 的输出端与控制器 103 的一个输入端相连接,控制器 103 根据变送器 102 变送的标准化的待测信号计算得到控制量。控制器 103 的一个输出端与执行单元 104 的输入端相连。执行单元 104 根据控制器 103 给出的控制量,产生相应的控制输出。执行单元104的输出与被控对象105的输入端相连,使得执行单元104产生的控制输出作用在被控对象105上。

上面所述的控制器103可以是计算机、工控机、服务器、单片机系统、嵌入式系统或硬件电路。

下面是一种专家模糊增量式自适应的参数在线整定优化系统进行优化的方法,该方法包括如下步骤,如图5-6所示。

(1)系统配置步骤201:在系统运行前首先进行系统配置,配置系统中将要用到的参数和公式。

(2)系统初始化步骤202:将参与计算的变量赋值或清零。

(3)输入输出采样步骤203:得到被控对象当前时刻的采样值$y(k)$。

(4)误差计算步骤204:根据被控对象当前时刻的采样值$y(k)$与被控对象的目标值$r(k)$计算出当前时刻的误差$e(k)$,其中$e(k) = r(k) - y(k)$。

(5)误差变化率计算步骤205:计算当前时刻的误差$e(k)$与前一时刻的误差$e(k-1)$之间的误差变化率$ec(k)$,其中$ec(k) = e(k) - e(k-1)$。

(6)在线整定优化步骤206:根据当前时刻误差$e(k)$和误差变化率$ec(k)$整定优化计算出新的控制参数$K_X(k)$。

(7)计算控制量步骤207:根据当前误差$e(k)$、误差变化率$ec(k)$和新的控制参数$K_X(k)$计算出新的控制量$u(k)$。

(8)被控对象运行步骤208:根据控制量$u(k)$产生相应的模拟量$U(k)$,作用在被控对象,得到控制对象新的输出$y(k+1)$;至此完成了一个控制周期,令$k = k+1$,重复输入输出采样步骤203至被控对象运行步骤208。

(9)系统配置步骤 201 为:在系统启动运行前,主工作站 120 通过控制总线 110 对控制器 103 进行参数配置,系统配置 201 只需进行一次,配置好的参数保存在控制器 103 的存储器里,下次运行时能够直接读取,或修改参数配置;配置的参数包括被控对象的控制目标值 $r(k)$ 。

(10)输入输出采样步骤 203 具体为:传感器 101 将被控对象 105 待测点的待测信息转换成为模拟信号 $a(k)$,经过变送器 102 转换成为标准化的待测信号 $r(k)$;变送器 102 将变送结果 $r(k)$ 传给控制器 103,控制器 103 通过控制总线 110 将 $r(k)$ 传给主工作站 120。

5.3.3 创新点

本发明的创新点如下:

(1)系统和装置设计方面,在主工作站和被控对象之间设计了较多的控制器,每个控制器分担较少的被控对象,这样的结构大大缩短了硬件维修的时间,当局部某硬件发生故障时,直接更换相应的模块即可快速修复故障,不至于影响其他控制通路的工作。这种多控制器的技术方案,便于多种控制方法在同一个控制系统中的实验和应用。

(2)专家模糊增量式自适应的参数在线整定优化方法,改变了传统控制方法的设计结构,通过增加优化器(主工作站 120),使得控制系统可以根据当前输入输出和工作状态对控制器参数进行在线整定优化。控制器根据当前的输入输出、工作状态和整定优化后的控制参数产生控制量,对被控对象进行控制。

(3)专家模糊增量式自适应的参数在线整定优化方法,采用增量的方式在线整定优化控制器参数。这样的设计就避免了传统方法中存在的控制系统运行前控制参数对工程师经验的依赖问题,也就是说降低了对工程师的参数初始配置要求。增量式方法的提出,使得专家模糊增量式自适应的参数在线整定优化方法具有了自动寻找最优控制参数的功能。

5.3.4 技术优势

本发明与现有技术相比有如下优点:

(1)本发明提出的专家模糊增量式自适应的参数在线整定优化方法,采用增量式修正的方法对控制参数进行整定,克服了中心点修正式参数在线整定优化方法无法解决的控制回路差异大、工程师对参数整定的经验不足或者是控制器的最优参数超出模糊控制器的输出范围的问题。

(2)本发明设计的专家模糊增量式自适应的参数在线整定优化系统,实现了整个控制器参数调整优化的过程都是由算法自身实现,在线参数优化整定的过程没有人的参与,控制系统能够根据自身硬件特点和工作环境自动整定调适参数。

(3)本发明提出的专家模糊增量式自适应的参数在线整定优化方法,解决了物理结构相似的多个控制回路由于工作环境变化或存在差异,控制器参数无法根据工作环境的差异和不确定性在线自整定优化的问题;解决了物理结构相似的多个控制回路由于被控对象存在差别,控制器参数无法根据被控对象的差异和不确定性在线自整定优化的问题;解决了物理结构相似的多个控制回路需要反复进行控制参数整定,控制器参数无法自动完成这一重复的工作在线自整定优化的问题。

5.4　实施方式

下面结合图 5－2 至图 5－6 详细说明本实施例。

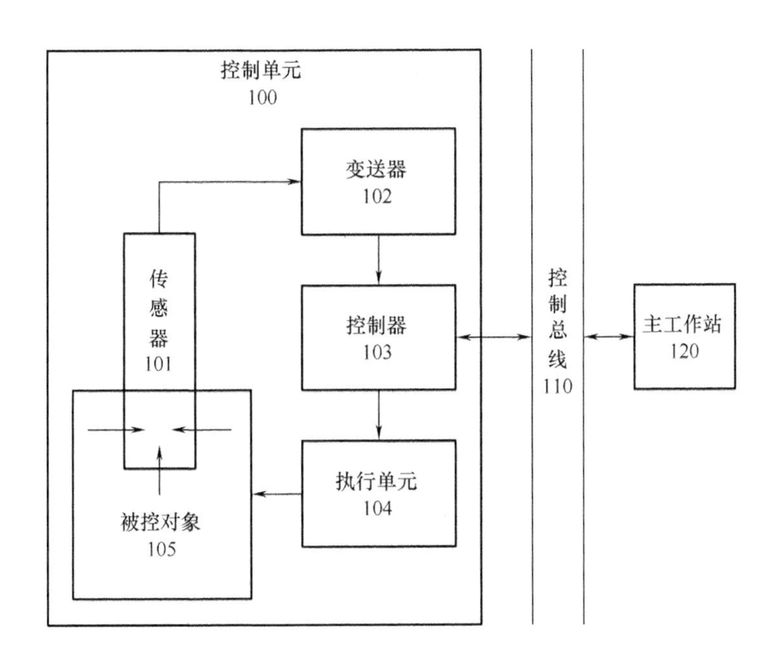

图 5－2　专家模糊增量式自适应的参数在线整定优化系统框图

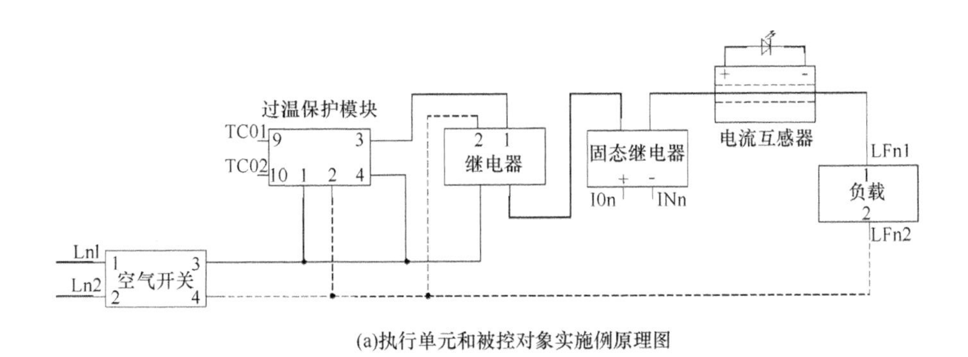

(a)执行单元和被控对象实施例原理图

图 5－3

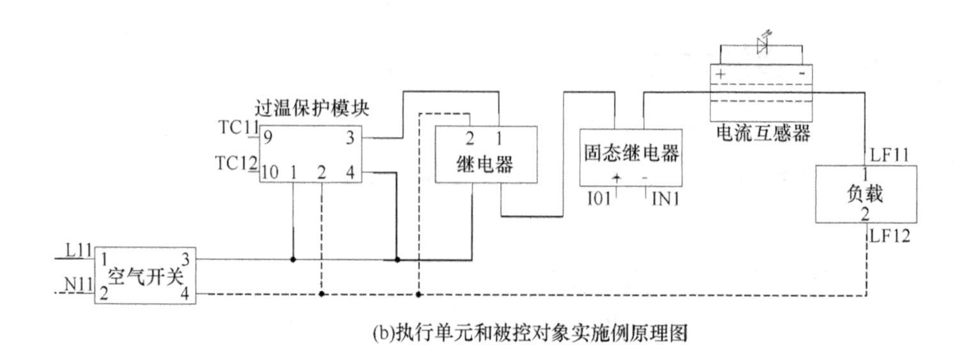

(b)执行单元和被控对象实施例原理图

图 5－3　执行单元和被控对象实施例原理图

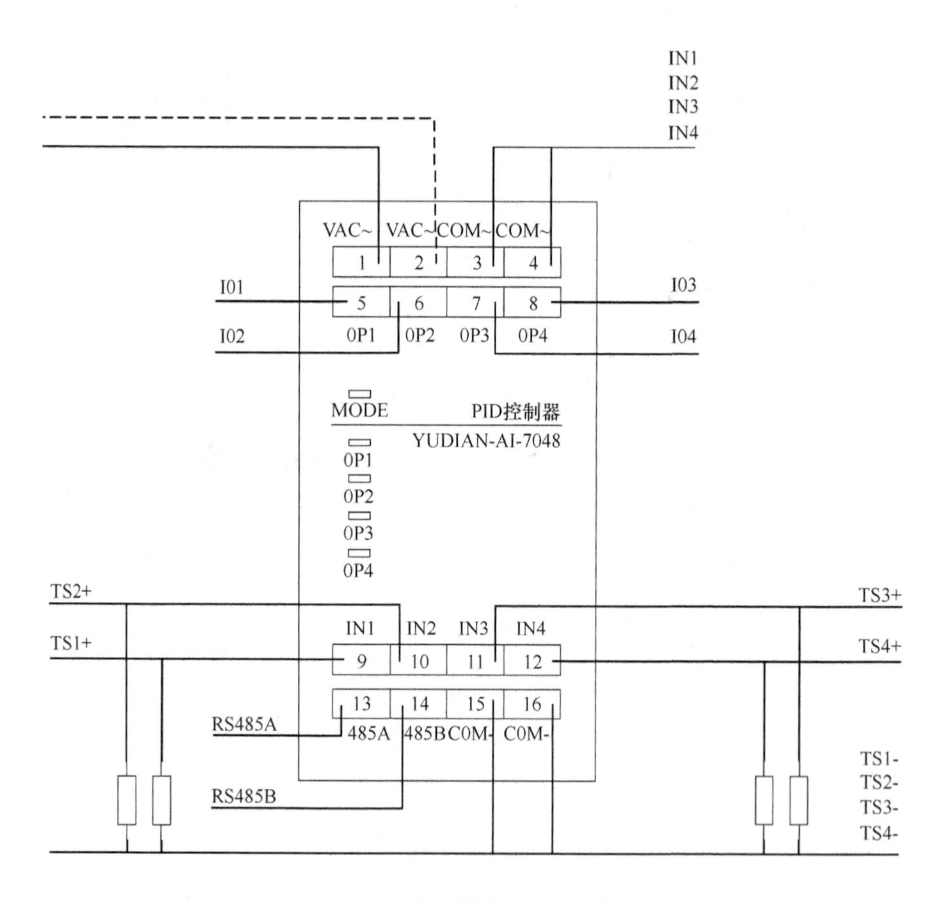

图 5－4　控制器实施例原理图

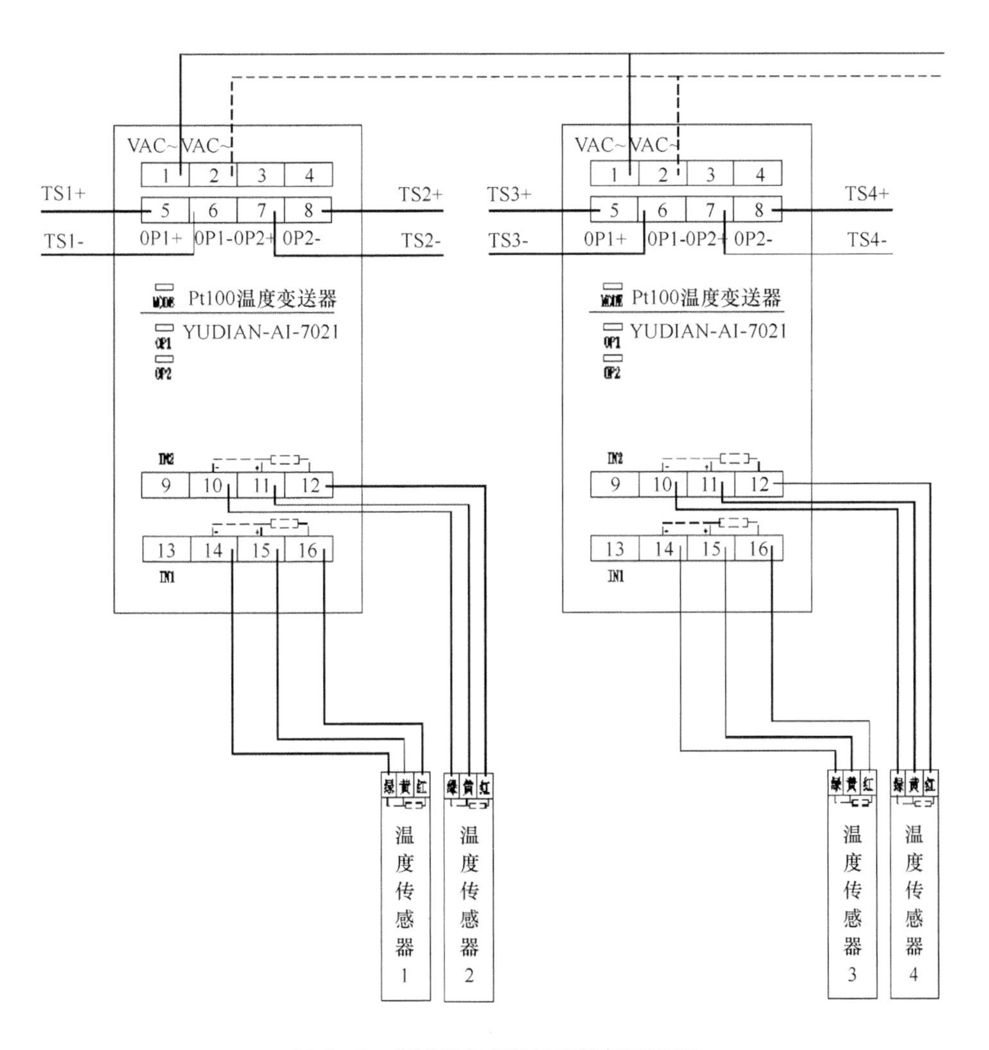

图 5－5 传感器和变送器实施例原理图

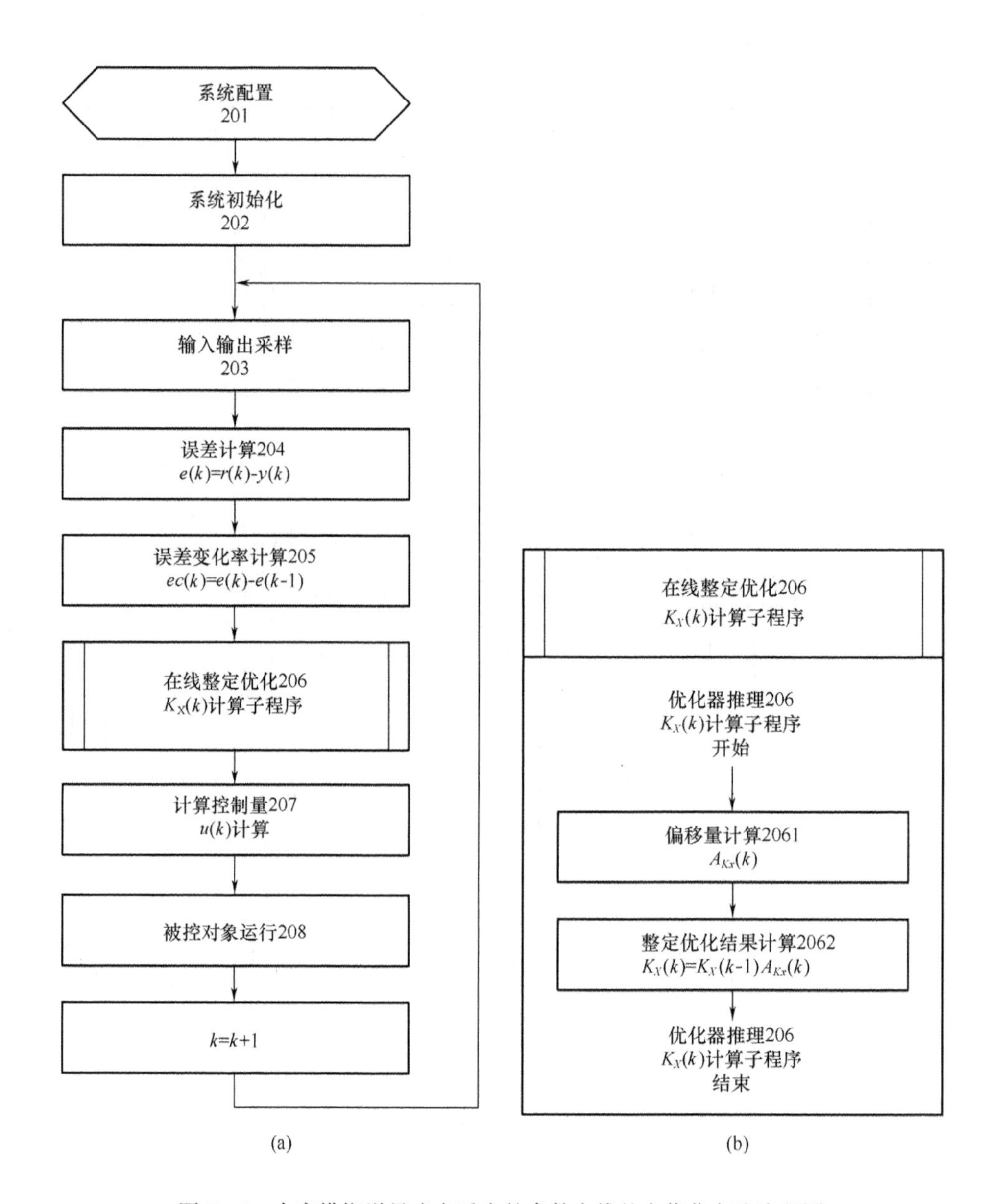

图5-6　专家模糊增量式自适应的参数在线整定优化方法流程图

本发明中的专家模糊增量式自适应的参数在线整定优化系统由控制单元100、控制总线110和主工作站120三个部分组成。

系统共有 S 个控制单元100构成，每个控制单元100的通信接口与控制总线110相连接，主工作站120的通信接口也与控制总线110相连接，主工作站120通过控制总线110与 S 个控制单元100进行通信。其中，S 取值为大于等于1的整数。

每个控制单元由 L 个传感器101，N 个变送器102，1个控制器103、L 个执行单元104和 L 个被控对象105构成。其中，传感器和执行单元分别与被控对象一一对应连接，1个变送器102接 M 个传感器101，1个控制器103接 N 个变送器102，其中 $L = M \times N$，L个执行单元均与控制器103相连。其中，L,M,N 取值为大于等于1的整数。

专家模糊增量式自适应的参数在线整定优化系统，使用1个主工作站120，通过控制总线110控制 S 个控制单元100，实现对系统中的 T 个被控对象105的控制，其中 $T = L \times S$，其中 S 取值为大于等于1的整数。

对于每一个被控对象105回路，存在如下连接关系：

传感器101的感应端与被控对象105的待测点连接，将待测点的待测信息转换成为模拟信号。传感器101输出端与变送器102的一个输入端相连，变送器102将传感器101采集的模拟信号转换成为标准化的待测信号。变送器102的输出端与控制器103的一个输入端相连接，控制器103根据变送器102变送的标准化的待测信号，采用专家模糊增量式自适应的参数在线整定优化方法得到新的控制量。控制器103的一个输出端与执行单元104的输入端相连，执行单元104根据控制器103给出的控制量，产生相应的控制输出。执行单元104的输出端与被控对象

105的输入端相连,使得执行单元104产生的控制输出作用在被控对象105上。

控制器103可以是计算机、工控机、服务器、单片机系统、嵌入式系统或硬件电路。控制器可以进行数据输入、指令输入,根据输入的参数改变系统的工作状态,可以将当前系统的工作参数、工作状态进行显示,可以通过通信端口与数据总线连接,与主工作站进行通信和数据交换。

执行单元104由主回路保护装置、被控对象异常保护装置、控制执行装置、主回路监控装置和被控对象(负载)接入装置5个部分组成,这5部分依次串联构成主回路。

专家模糊增量式自适应的参数在线整定优化方法,由系统配置步骤201、系统初始化步骤202、输入输出采样步骤203、误差计算步骤204、误差变化率计算步骤205、在线整定优化步骤206、计算控制量步骤207、被控对象运行步骤208八个步骤构成。

这8个步骤的关系是:在系统运行前首先进行系统配置步骤201,配置系统中将要用到的参数和公式;然后进行系统初始化步骤202,将参与计算的变量赋值或清零;接下来循环执行下列步骤,每执行一个循环即完成了一个控制周期:输入输出采样步骤203得到当前时刻的输出 $y(k)$;误差计算步骤204根据系统配置的 $r(k)$ 和采样得到的 $y(k)$ 计算出当前误差 $e(k)$;误差变化率计算步骤205根据当前误差 $e(k)$ 计算出误差变化率 $ec(k)$;在线整定优化步骤206根据当前误差 $e(k)$ 和误差变化率 $ec(k)$ 整定优化计算出新的控制参数 $K_X(k)$;计算控制量步骤207根据当前误差 $e(k)$ 、误差变化率 $ec(k)$ 和新的控制参数 $K_X(k)$ 计算出新的控制量 $u(k)$;被控对象运行步骤208根据控制量 $u(k)$ 产生相应的模拟量 $U(k)$,作用在被控对象,得到控制系统新的输出 $y(k+1)$;至此完成了一个控制周期,令

$k = k + 1$,重复步骤输入输出采样步骤203至被控对象运行步骤208。详细步骤如下文所述。

(1)系统配置步骤201。在系统启动运行前,主工作站120通过控制总线110对控制器103进行参数配置,参数配置也可以通过控制器103的键盘和显示装置进行,系统配置201只需进行一次,配制好的参数保存在控制器103的存储器里,下次运行时可以直接读取,可以修改参数配置。

配置控制目标值 TR,配置控制参数初始值 $K0_X$,其中 X 表示参数的编号或含义,配置专家模糊增量式自适应的参数在线整定优化规则公式5-1。

$$A_X(e(k),ec(k)) = \begin{cases} A_X(h,h) & ,when \ |e(k)| \geqslant E_{high} \quad and \ |ec(k)| \geqslant EC_{high} \\ A_X(h,m) & ,when \ |e(k)| \geqslant E_{high} \quad and \ EC_{low} \leqslant |ec(k)| < EC_{high} \\ A_X(h,l) & ,when \ |e(k)| \geqslant E_{high} \quad and \ 0 \leqslant |ec(k)| < EC_{low} \\ A_X(m,h) & ,when \ E_{low} \leqslant |e(k)| < E_{high} \quad and \ |ec(k)| \geqslant EC_{high} \\ A_X(m,m) & ,when \ E_{low} \leqslant |e(k)| < E_{high} \quad and \ EC_{low} \leqslant |ec(k)| < EC_{high} \\ A_X(m,l) & ,when \ E_{low} \leqslant |e(k)| < E_{high} \quad and \ 0 \leqslant |ec(k)| < EC_{low} \\ A_X(l,h) & ,when \ 0 \leqslant |e(k)| < E_{low} \quad and \ |ec(k)| \geqslant EC_{high} \\ A_X(l,m) & ,when \ 0 \leqslant |e(k)| < E_{low} \quad and \ EC_{low} \leqslant |ec(k)| < EC_{high} \\ A_X(l,l) & ,when \ 0 \leqslant |e(k)| < E_{low} \quad and \ 0 \leqslant |ec(k)| < EC_{low} \end{cases} \tag{5-1}$$

其中,$e(k)$ 表示当前时刻 k 采集值 $y(k)$ 与目标值 $r(k)$ 的误差,$A_X(e(k),ec(k))$ 表示 X 参数的值根据当前误差 $e(k)$ 和误差变化率 $ec(k)$ 所决定的修正量,E_{high},E_{low} 分别表示划分当前误差 $e(k)$ 和误差变化率 $ec(k)$ 的组合处于那个状态的边界值;h,m,l 分别表示 $e(k)$,$ec(k)$ 与 E_{high},E_{low} 比较后决定的取值所在的状态。

配置参数整定优化公式 $K_X(k) = F(K0_X, K_X(k-1), A_X(e(k), ec(k)))$，其中，$k$ 表示当前时刻，$k-1$ 表示上一个整定优化周期的采样时刻，$K_X(k-1)$ 表示 X 参数在本次整定优化前的值；专家模糊增量式自适应的参数在线整定优化方法中，参数整定优化公式如式 5-2 所示。

$$K_X(k) = F(K0_X, K_X(k-1), A_X(e(k), ec(k))) \tag{5-2}$$

配置控制输出公式 $u(k) = G(u(k-1), K_X(k))$，其中 $u(k)$ 表示当前整定周期（第 k 个整定周期）的控制输出，$u(k-1)$ 表示前一个整定周期（第 $k-1$ 个整定周期）的控制输出；专家模糊增量式自适应的参数在线整定优化方法中，控制输出公式为式 5-3。

$$u(k) = u(k-1) + \Delta u(k) \tag{5-3}$$

其中，$\Delta u(k)$ 为控制量的增量，$e(k)$ 表示当前整定周期（第 k 个整定周期）的误差，$e(k-1)$ 表示上一个整定周期（第 $k-1$ 个整定周期）的误差，$e(k-2)$ 表示第 $k-2$ 个整定周期的误差，其计算公式为式 5-4。

$$u(k) = G(u(k-1), K_X(k)) \tag{5-4}$$

（2）系统初始化步骤 202。

令 $k = 0$；

令 $e(-1) = 0$；令 $e(-2) = 0$；

令 $u(0) = 0$；令 $u(-1) = 0$；

令 $K_X(k) = K0_X$。

（3）输入输出采样步骤 203。传感器 101 将被控对象 105 待测点的待测信息转换成为模拟信号 $a(k)$，经过变送器 102 转换成为标准化的待测信号 $r(k)$，变送器 102 将变送结果 $r(k)$ 传给控制器 103，控制器 103 通过控制总线 110 将 $r(k)$ 传给主工作站 120。

(4)误差计算步骤204。

主工作站120中,令 $r(k) = TR$,按照式5-5计算当前误差 $e(k)$:

$$e(k) = r(k) - y(k) \tag{5-5}$$

(5)误差变化率计算步骤205。

主工作站120中,按照式5-6计算当前误差变化率 $ec(k)$:

$$ec(k) = e(k) - e(k-1) \tag{5-6}$$

(6)在线整定优化步骤206。

主工作站120,根据式5-4计算 $A_X(e(k), ec(k))$;

接下来,按照式5-4计算控制参数 $K_X(k)$;

最后,按照式5-7至式5-9,对本周期计算结果进行保存:

$$e(k-2) = e(k-1) \tag{5-7}$$

$$e(k-1) = e(k) \tag{5-8}$$

$$u(k-1) = u(k) \tag{5-9}$$

通过控制总线110将 $K_X(k)$ 传给控制器103。

(7)计算控制量步骤207。

控制器103按照式5-5和式5-6计算控制量 $u(k)$ 。

(8)被控对象运行步骤208。

$u(k)$ 通过控制总线110从主工作站传回控制器103,控制器103将 $u(k)$ 输出给执行单元104,执行单元104根据控制量 $u(k)$ 产生相应的模拟量 $U(k)$,作用在被控对象105上,被控对象105在 $U(k)$ 做出响应,得到控制系统输出值 $y(k)$;

按照式5-10,当前时刻自增1个采样周期:

$$k = k + 1 \tag{5-10}$$

跳转到步骤(3),重复步骤(3)至(8)。

5.5　实施案例

本书以采用了专家模糊增量式自适应的参数在线整定优化方法的石油化工 60 路温控生产线系统为例，在详细描述系统硬件连接关系和实施过程后，通过实际演算说明了本发明提出的自适应小波神经网络异常检测故障诊断分类方法在其他领域应用时的具体实施过程，以便加深读者对本发明内容的理解。

5.5.1　实施方案

采用了专家模糊增量式自适应的参数在线整定优化方法的石油化工 60 路温控生产线系统的实施方案如下：

采用了专家模糊增量式自适应的参数在线整定优化方法的石油化工 60 路温控生产线系统由控制单元 100，控制总线 110，主工作站 120 三个部分组成。其中主工作站 120 使用一台服务器（计算机），控制总线 110 采用 RS485 总线，共有 15 个控制单元 100 组成。每个控制单元 100 的通信接口与控制总线 110 相连接，主工作站 120 的通信接口也与控制总线 110 相连接，主工作站 120 通过数据总线与 15 个控制单元 100 进行通信。

每个控制单元由 4 个传感器 101，两个变送器 102，一个控制器 103，4 个执行单元 104 和 4 个被控对象 105 构成。其中一个变送器 102 接两个传感器 101，一个控制器 103 接两个变送器 102。

传感器 101 选用 Pt100 温度传感器，采用三线制传感器接法，以克服传输距离过长导致的传感器信号衰减。传感器 101 的感应端与被控对象 105

的待测点连接，将待测点的待测信息转换成为模拟信号。

被控对象105为加热炉，加热炉的内部是一根盘旋的电阻丝，当加热炉的输入端加上0~220V的驱动电压时，电阻丝将电能转化成为热能，实现对炉子内部的加热。通过Pt100温度传感器采集炉体内温度，产生相应的电阻值。

变送器102选用型号为YUDIAN - AI - 7021的Pt100温度变送器，参见图5 - 5。Pt100温度变送器的两个传感器接入端采用三线制的方式接入两只Pt100温度传感器，Pt100温度变送器的两个传感器的两个标准传感器信号输出端分别与控制器103的标准传感器信号输入端相连接。Pt100温度变送器的电源直接接220V电源。

控制器103选用型号为YUDIAN - AI - 7048的PID控制器，参见图5 - 4。PID控制器的4个标准传感器信号输入端分别与来自两个Pt100温度变送器的4个标准传感器信号输出端并联50Ω电阻后相连。Pt100温度变送器输出4~20mA标准传感器电流信号，通过并联50Ω电阻，将信号转换为200mV~1V的PID控制器标准电压输入信号。PID控制器的4个控制输出分别接到执行单元104中控制执行装置的控制量输入端。

执行单元104由主回路保护装置、被控对象异常保护装置、控制执行装置、主回路监控装置和被控对象（负载）接入装置5个部分组成，这5部分依次串联构成主回路。

主回路保护装置选用空气开关，被控对象异常保护装置选用过温保护模块与继电器，控制执行装置选用固态继电器，主回路监控装置选用电流互感器，被控对象（负载）接入装置选用强电接线端子。

空气开关的输入端1，输入端2分别接在主回路的火线和零线，输出端

3,输出端 4 分别为后级电路的火线和零线,作用是当回路中电流过大时切断主回路,保护其他装置。过温保护模块和继电器串联共同构成过温保护电路,过温保护模块的输入端 1,输入端 2 分别连接火线和零线用于给过温保护模块供电,过温保护模块的输出端 3 和继电器的输入端 2 与零线相连,构成参考零点,过温保护模块的输出端 4 与继电器的输入端 1 相连,实现过温保护模块对继电器的开关控制,过温保护模块的输入端 9,输入端 11 接来自被控对象的温度传感器,当温度超过设定值时,其输出端 3 和输出端 4 输出关断信号,继电器的输出端 3,输出端 4 串连接在火线上,根据过温保护模块的输出对主回路进行通断控制。固态继电器的控制量输入端“+”、输入端“-”与控制器 103 的控制量输出相连接,实现控制器通过 PWM 通断的形式对主回路的控制。主回路传入电流互感器的原边,电流互感器的副边与发光二极管相连,实现对主回路通断的监控。强电接线端子串联接在主回路中,实现将被控对象 105 接入执行单元 104。

专家模糊增量式自适应的参数在线整定优化方法由系统配置步骤 201,系统初始化步骤 202,输入输出采样步骤 203,误差计算步骤 204,误差变化率计算步骤 205,在线整定优化步骤 206,计算控制量步骤 207 和被控对象运行步骤 208 八个步骤构成。

这八个步骤的关系是:在系统运行前首先进行系统配置步骤 201,配置系统中将要用到的参数和公式;然后进行系统初始化步骤 202,将参与计算的变量赋值或清零;接下来循环执行下列步骤,每执行一个循环即完成了一个控制周期:输入输出采样步骤 203 得到当前时刻的输出 $y(k)$;误差计算步骤 204 根据系统配置的 $r(k)$ 和采样得到的 $y(k)$ 计算出当前误差 $e(k)$;误差变化率计算步骤 205 根据当前误差 $e(k)$ 计算出误差变化率

$ec(k)$;在线整定优化步骤 206 根据当前误差 $e(k)$ 和误差变化率 $ec(k)$ 整定优化计算出新的控制参数 $K_X(k)$;计算控制量步骤 207 根据当前误差 $e(k)$、误差变化率 $ec(k)$ 和新的控制参数 $K_X(k)$ 计算出新的控制量 $u(k)$;被控对象运行步骤 208 根据控制量 $u(k)$ 产生相应的模拟量 $U(k)$,作用在被控对象,得到控制系统新的输出 $y(k+1)$;至此完成了一个控制周期,令 $k=k+1$,重复步骤输入输出采样步骤 203 至被控对象运行步骤 208。本实施例中,专家模糊增量式自适应的参数在线整定优化方法应用对象是对经典 PID 控制,即专家模糊增量式自适应的 PID 参数在线整定优化方法,下文提到的 X 参数指的是 K_p,K_i,K_d 三个参数。详细步骤如下:

5.5.2 实施步骤

(1)系统配置步骤 201。在系统启动运行前,主工作站 120 通过控制总线 110 对控制器 103 进行参数配置,参数配置也可以通过控制器 103 的键盘和显示装置进行,系统配置 201 只需进行一次,配制好的参数保存在控制器 103 的存储器里,下次运行时可以直接读取,可以修改参数配置。

配置控制目标值:$TR=200(℃)$。

配置控制参数初始值:$\begin{cases} K0_p = 1 \\ K0_i = 0.1 \\ K0_d = 0 \end{cases}$。

配置专家模糊增量式自适应的参数在线整定优化规则公式,如式 5-11 至式 5-13 所示:

$$A_{K_p}(e(k),ec(k)) = \begin{cases} 1 & ,when \ |e(k)| \geq E_{high} & and \ |ec(k)| \geq EC_{high} \\ 1.002 & ,when \ |e(k)| \geq E_{high} & and \ EC_{low} \leq |ec(k)| < EC_{high} \\ 1.004 & ,when \ |e(k)| \geq E_{high} & and \ 0 \leq |ec(k)| < EC_{low} \\ 0.998 & ,when \ E_{low} \leq |e(k)| < E_{high} & and \ |ec(k)| \geq EC_{high} \\ 1 & ,when \ E_{low} \leq |e(k)| < E_{high} & and \ EC_{low} \leq |ec(k)| < EC_{high} \\ 1.002 & ,when \ E_{low} \leq |e(k)| < E_{high} & and \ 0 \leq |ec(k)| < EC_{low} \\ 0.998 & ,when \ 0 \leq |e(k)| < E_{low} & and \ |ec(k)| \geq EC_{high} \\ 1 & ,when \ 0 \leq |e(k)| < E_{low} & and \ EC_{low} \leq |ec(k)| < EC_{high} \\ 1 & ,when \ 0 \leq |e(k)| < E_{low} & and \ 0 \leq |ec(k)| < EC_{low} \end{cases} \quad (5-11)$$

$$A_{K_i}(e(k),ec(k)) = \begin{cases} 1.002 & ,when \ |e(k)| \geq E_{high} & and \ |ec(k)| \geq EC_{high} \\ 1.002 & ,when \ |e(k)| \geq E_{high} & and \ EC_{low} \leq |ec(k)| < EC_{high} \\ 1.002 & ,when \ |e(k)| \geq E_{high} & and \ 0 \leq |ec(k)| < EC_{low} \\ 1 & ,when \ E_{low} \leq |e(k)| < E_{high} & and \ |ec(k)| \geq EC_{high} \\ 1 & ,when \ E_{low} \leq |e(k)| < E_{high} & and \ EC_{low} \leq |ec(k)| < EC_{high} \\ 1 & ,when \ E_{low} \leq |e(k)| < E_{high} & and \ 0 \leq |ec(k)| < EC_{low} \\ 0.998 & ,when \ 0 \leq |e(k)| < E_{low} & and \ |ec(k)| \geq EC_{high} \\ 0.998 & ,when \ 0 \leq |e(k)| < E_{low} & and \ EC_{low} \leq |ec(k)| < EC_{high} \\ 0.998 & ,when \ 0 \leq |e(k)| < E_{low} & and \ 0 \leq |ec(k)| < EC_{low} \end{cases} \quad (5-12)$$

$$A_{K_d}(e(k),ec(k))=\begin{cases}1.002 & ,when\ \ |e(k)|\geq E_{high} & and\ \ |ec(k)|\geq EC_{high}\\ 1 & ,when\ \ |e(k)|\geq E_{high} & and\ \ EC_{low}\leq|ec(k)|<EC_{high}\\ 0.998 & ,when\ \ |e(k)|\geq E_{high} & and\ \ 0\leq|ec(k)|<EC_{low}\\ 1.002 & ,when\ \ E_{low}\leq|e(k)|<E_{high} & and\ \ |ec(k)|\geq EC_{high}\\ 1 & ,when\ \ E_{low}\leq|e(k)|<E_{high} & and\ \ EC_{low}\leq|ec(k)|<EC_{high}\\ 0.998 & ,when\ \ E_{low}\leq|e(k)|<E_{high} & and\ \ 0\leq|ec(k)|<EC_{low}\\ 1.002 & ,when\ \ 0\leq|e(k)|<E_{low} & and\ \ |ec(k)|\geq EC_{high}\\ 1 & ,when\ \ 0\leq|e(k)|<E_{low} & and\ \ EC_{low}\leq|ec(k)|<EC_{high}\\ 1 & ,when\ \ 0\leq|e(k)|<E_{low} & and\ \ 0\leq|ec(k)|<EC_{low}\end{cases}\quad(5-13)$$

其中令：

$E_{high}=0.5$,

$E_{low}=0.2$,

$EC_{high}=0.002$,

$EC_{low}=0.001$。

其中 $A_X(e(k),ec(k))$ 表示 X 参数的值根据当前误差 $e(k)$ 和误差变化率 $ec(k)$ 所决定的修正量，X 表示参数的编号或含义，$e(k)$ 表示当前时刻 k 采集值 $y(k)$ 与目标值 $r(k)$ 的误差，E_{high}，E_{low} 分别表示划分当前误差 $e(k)$ 和误差变化率 $ec(k)$ 的组合处于那个状态的边界值，h,m,l 分别表示 $e(k),ec(k)$ 与 E_{high}，E_{low} 比较后决定的取值所在的状态。

配置参数整定优化公式 $K_X(k)=F(K0_X,K_X(k-1),A_X(e(k),ec(k)))$，其中，$k$ 表示当前时刻，$k-1$ 表示上一个整定优化周期的采样时刻，$K_X(k-1)$ 表示 X 参数在本次整定优化前的值。专家模糊增量式自适应的参数在线整定优化方法中，参数整定优化公式如式 5－14 至式 5－16 所示：

$$K_p(k) = K_p(k-1) \cdot A_{K_p}(e(k), ec(k)) \tag{5-14}$$

$$K_i(k) = K_i(k-1) \cdot A_{K_i}(e(k), ec(k)) \tag{5-15}$$

$$K_d(k) = K_d(k-1) \cdot A_{K_d}(e(k), ec(k)) \tag{5-16}$$

配置控制输出公式 $u(k) = G(u(k-1), K_X(k))$,其中 $u(k)$ 表示当前整定周期(第 k 个整定周期)的控制输出, $u(k-1)$ 表示前一个整定周期(第 $k-1$ 个整定周期)的控制输出,专家模糊增量式自适应的参数在线整定优化方法中,控制输出公式为式 5－17:

$$u(k) = u(k-1) + \Delta u(k) \tag{5-17}$$

其中, $\Delta u(k)$ 为控制量的增量,其中 $e(k)$ 表示当前整定周期(第 k 个整定周期)的误差, $e(k-1)$ 表示上一个整定周期(第 $k-1$ 个整定周期)的误差, $e(k-2)$ 表示第 $k-2$ 个整定周期的误差,其中计算公式为式 5－18:

$$\Delta u(k) = k_P(e(k) - e(k-1)) + k_i \cdot e(k) + k_d \cdot (e(k) - 2 \cdot e(k-1) + e(k-2)) \tag{5-18}$$

(2)系统初始化步骤 202。

令 $k = 0$;

令 $e(-1) = 0$;令 $e(-2) = 0$;

令 $u(0) = 0$;令 $u(-1) = 0$;

令 $K_p(k) = K0_p$, $K_i(k) = K0_i$, $K_d(k) = K0_d$ 。

(3)输入输出采样步骤 203。

传感器 101 将被控对象 105 待测点的待测信息转换成为模拟信号 $a(k)$,经过变送器 102 转换成为标准化的待测信号 $r(k)$,变送器 102 将变送结果 $r(k)$ 传给控制器 103,控制器 103 通过控制总线 110 将 $r(k)$ 传给主工作站 120 进行处理。

（4）误差计算步骤204。

令 $r(k) = TR$，按照式5－19计算当前误差 $e(k)$：

$$e(k) = r(k) - y(k) \tag{5-19}$$

（5）误差变化率计算步骤205。

按照式5－20计算当前误差变化率 $ec(k)$：

$$ec(k) = e(k) - e(k-1) \tag{5-20}$$

（6）在线整定优化步骤206。

主工作站120，根据式5－13至式5－15计算 $A_X(e(k),ec(k))$；

接下来，按照式5－16至式5－18计算控制参数 $K_p(k)$、$K_i(k)$、$K_d(k)$；

最后，按照式5－21至式5－23，对本周期计算结果进行保存：

$$e(k-2) = e(k-1) \tag{5-21}$$

$$e(k-1) = e(k) \tag{5-22}$$

$$u(k-1) = u(k) \tag{5-23}$$

（7）计算控制量步骤207。

按照式5－19和式5－20计算控制量 $u(k)$。

（8）被控对象运行步骤208。

控制器103将 $u(k)$ 输出给执行单元104，执行单元104根据控制量 $u(k)$ 产生相应的模拟量 $U(k)$，作用在被控对象105上。

$u(k)$ 通过控制总线110从主工作传回控制器103，控制器103将 $u(k)$ 输出给执行单元104，执行单元104根据控制量 $u(k)$ 产生相应的模拟量 $U(k)$，作用在被控对象105上，被控对象105在 $U(k)$ 做出响应，得到控制系统输出值 $y(k)$。

按照式5－24，当前时刻自增1个采样周期：

$$k = k + 1 \tag{5-24}$$

跳转到步骤（3），重复步骤（3）至（8）。

6　研究评价

6.1　本书已完成的工作

本书针对实验室在研工程项目改造过程中遇到的实际问题,通过对确定性控制(PID 控制和模糊控制)、不确定性控制(自适应控制),以及人工智能控制和优化、搜索方法(专家控制、遗传算法)的学习,对控制器参数在线优化整定这类问题进行了初步研究。

以 PID 控制为例,本书对控制器参数在线优化整定方法进行了理论研究。首先给出了这类问题中的控制系统(控制器、优化器、被控对象)通过计算机数值求解的建模、编程方法;进而给出了三种基于专家经验通过模糊控制器实现的自适应 PID 算法;最后通过对控制系统动态性能、稳定性、稳态性能指标的推导,研究并给出了评价控制方法性能的方法。

本书通过 Matlab 计算机仿真的方法,对三种 PID 控制器参数在线优化整定算法进行了计算机仿真,得到并分析了阶跃响应仿真结果,对算法的动态性能和稳定性进行了对比分析;通过斜坡响应和加速度响应进行计算机仿真,对控制算法的稳态性能进行了分析和验证。

最后搭建了硬件试验平台,使用PID参数在线优化整定方法对原有的普通PID控制方法进行改造,通过算法在硬件实验平台上的调试,分析和验证了PID参数在线优化整定方法的稳定性、动态性能和稳态性能。

6.2 本书未完成的工作

本书研究的控制器参数在线优化整定方法,涉及的领域较多,工作量较大,限于时间、精力和能力,对部分问题的研究有待进一步完善和提高。本书进行的工作,主要涉及以下5个方面:①提出的算法需要综合PID控制、模糊控制、自适应控制、专家控制的方法4个算法;②算法的进一步改造(以完成计算机仿真实验,但结果不理想),至少还要涉及遗传算法;③在理论研究上设计了被控对象建模,控制器、被控对象离散化计算机仿真,控制算法稳定性分析、稳态性能分析;④提出的PID控制器参数在线优化整定方法要应用到实际项目中去验证;⑤要根据最新的工程需求对燕山石化60路PID温度控制系统进行改造。

尚未解决的问题和下一步的研究方向主要有以下三个方面:①优化器的效率问题:本书并没有涉及控制器参数在线优化整定方法的效率问题的研究;②仲裁器的作用问题:本书研究中只是介绍了仲裁机制,由于篇幅的限制,没有对基于遗传算法的PID参数在线优化整定算法的计算机仿真结果进行详述,只是在第2章中提到仿真结果存在的问题,由于没有引入评价函数等评价机制,就无法发挥仲裁器的选优汰劣作用;③对优化器、仲裁器可能会导致的控制系统异常问题没有进行讨论。

综上所述,本书只是对智能控制中控制器参数在线优化整定问题做了初步的研究,还没有给出一套通用的解决方法。书中给出的PID控制器参数在线优化整定方法也有待完善,理论尚待完备。在选择这个课题的时候,已经预料到了这项工作的艰巨,笔者尽力而为。由于水平有限,书中可能存在不足甚至不合理的地方,诚恳希望各位读者批评指正,恳请该领域的研究者、专家多多指教,为社会生产创造价值。

参考文献

[1]李国勇. 智能控制及其 Matlab 实现[M]. 北京:电子工业出版社,2005.

[2]王顺晃. 智能控制系统及其应用[M]. 北京:机械工业出版社,2005.

[3]曲丽萍,曲永印,柳成. 转炉炼钢智能控制系统[J]. 北华大学学报:自然科学版,2006(5).

[4]刘金琨. 先进 PID 控制 Matlab 仿真[M]. 北京:电子工业出版社,2004.

[5]徐丽娜. 神经网络控制[M]. 哈尔滨:哈尔滨工业大学出版社,1999.

[6]Tanak K, Sugeno M. Stability Analysis and Design of Fuzzy Control Systems[J]. Fuzzy Setsand Systems,1992,45(2):135 - 156.

[7]刘晓华,陈卫田. 参数化不确定非线性系统的鲁棒控制[J]. 控制与决策,1997,12(1):53 - 57.

[8]黄长水,阮荣耀. 一类不确定非线性系统的鲁棒自适应控制[J]. 自动化学报,2001,27(1):82 - 88.

[9]Ge S S, Wang J. Robust adaptive tracking for time varying uncertain

nonlinear systems with unknown control coefficients[J]. IEEE Trans. Automat. Contr. ,2003, 48(8):1463 - 1969.

[10]Marino R,Tomei P. Global adaptive output feedback control of nonlinear systems, Part I: Linear parameterization. IEEE Trans. Automat. Contr. , 1993,38(1):17 - 32.

[11]Krstic M,Kanellakopoulos L,Kokotovic P V. Nonlinear Design of adaptive controllers for linear systems. IEEE Trans. Automat. Contr. , 1994,39(4):739 - 752.

[12]Seto D,Annaswamy A M,3ohn Baillieul. Adaptive Control of a Class of Nonlinear Systems With a Triangular Structure. IEEE Trans. Automat. Contr. , 1994, 39(7): 1411 - 1428.

[13]Marino R,Tomei P. Global adaptive output feedback control of nonlinear systems,Part II: nonLinear parameterization. IEEE Transactions on Automatic Control 1993,38(1):33 - 48.

[14]Karsenti L, Lamnabhi - Lagarrigue F, Bastin G. Adaptive control of nonlinear systems with nonlinear parameterization[J]. Systems&Control Letters, 1996, 27(2):87 - 97.

[15]Zhou Jing,Wen Changyun,Zhang Ying. Adaptive backstepping control of a class of uncertain nonlinear systems with unknown backlash - like hysteresis. IEEE Trans. Automat. Contr. , 2004, 49(10):1751 - 1757.

[16]Ye Xudong, Jiang Jingping. Adaptive nonlineat design without a priori knowledge of control directins. IEEE Trans. Automat. Contr. , 1998, 43(11): 1617 - 1621.

[17]Christopher R Houck,Jeffery A Joines,Michael G Kay. Agenetical

Gorithm for Function Optimization:A Vatlab Implementation[J]. Ncsu - ie tr, 1995,95(09):1 - 10.

[18] Polycarpou M M, Ioannou P A. A robust adaptive nonlinear control design[J]. Automatica,1996, 32(3): 423 - 427.

[19]蔡自兴,徐光祐. 人工智能及其应用[M]. 3 版. 北京:清华大学出版社,2003.

[20]韩继曼. CAPP 专家系统智能推理机制研究与开发[J]. 机械工程师,2002(4).

[21]刘国荣. 智能控制理论与技术[M]. 北京:清华大学出版社,1992.

[22]张建民,王涛,王忠礼. 智能控制原理及应用[M]. 北京:冶金工业出版社,2003.

[23]周明,孙树栋. 遗传算法原理及应用[M]. 北京:国防工业出版社,1999.

[25]张志涌. 精通 Matlab 6. 5 版[M]. 北京:北京航空航天大学出版社,2003.

[26]薛定宇. 反馈控制系统设计与分析——Matlab 语言应用[M]. 北京:清华大学出版社,1999.

[27]宁海峰. 参数模糊自整定 PID 控制器的研制[D]. 厦门:华侨大学,2006.

[28] Mamdani E H. Applications of Fuzzy A lgorithms for Control of Simple Dynamic Plant[C]//Proceedings of the institution of electrical engineers. IET, 1974,121(12):1585 - 1588.

[29] Shao S . Fuzzy Self - organizing Controller and its Application for Dynamic Fuzzy Sets and Systems[J]. Fuzzy sets and system, 1988, 26:

151 - 164.

[30] Huang Y L, et al. Fuzzy Model Predictive Control[J]. IEEE Transactions on fuzzy Systems, 2000, 8(6): 665 - 667.

[31] Kaymak U, et al. A Comparative Study of Fuzzy and Conventional Criteria in Model - based Predictive Control[C]//Fuzzy System, 1997, Proceedings of the sixth IEEE International Conference on IEEE, 1997, 2: 907 - 914.

[32] Sousa J M, et al. Adaptive Decision Alternatives in Fuzzy Predictive Control[C]//Fuzzy Systems Proceedings 1998 IEEE World Congress Computational Intelligence, 1998, 1: 698 - 703.

[33] Sousa J M, Kaymak U. Model Predictive Control Using Fuzzy Decision Functions[J]. IEEE Tran. SMC, 2001, Part B: 31(1): 54 - 56.

[34] Michael A Goofrich, et al. Model Predictive Satisficing Fuzzy Logic Control[J]. IEEE Trans. Fuzzy Systems, 1999, 7: 319 - 332.

[35] Cao S, et al. Identification of Dynamic Fuzzy Models[J]. Fuzzy Sets and Systems, 1995, 74(3): 307 - 320.

[36] Xie W F, et al. Fuzzy Adaptive Internal Model Control. IEEE Tran. on Industrial Electronics. 2000, 47(1): 193 - 202.

[37]胡汉才. 单片机原理及其接口技术[M]. 北京:清华大学出版社,1996.

[38]赵绪新. 基于人工智能技术的电站锅炉最优氧量预测[J]. 热力发电,2006(10).

[39]童诗白,华成英. 模拟电子技术基础[M]. 北京:高等教育出版社,2003.

[40]王兆安,黄俊. 电力电子技术[M]. 北京:机械工业出版社,2003.

[41] Annaswamy A M, Skanize F P, Ai - Poh Loh. Adaptive control of continuous time systems with convex/concave parameterization[J]. Automatica, 1998, 34(1): 33 - 49.

[42] Nussbaum R D. Some remarks on a conjecture in parameter adaptive control[J]. Systems&Control Letters, 1983, 3(3): 243 - 246.

[43] Ai - Poh Loh, Annaswamy A M, Skantze F P. Adaptive in the presence of a general nonlinear parameterization: an error model approach[J]. IEEE Transaction on Automatica Control, 1999, 44(9): 1634 - 1651.

[44] Ding Zhengtao. Adaptive control of triangular systems with nonlinear parameterization [J]. IEEE Trans. Automat. Contr., 2001, 46 (12): 1963 - 1968.

[45] Tao Gang, Kokotovic P V. Adaptive control of plants with unknown dead zones[J]. IEEE Trans. Automat. Contr., 1994, 39(1): 59 - 68.

[46] Rohrs. Robustness of Adaptive Control Algorithms in the Presence of Unmodeled Dynamics. Proc, 21th IEEE Conf. Deci Contr., Orlando. FL, 1982.

[47] Chun - Yi Su, Stepanenko Y, Svoboda J, Leung T P. Robust adaptive control of a class of nonlinear systems with unknown backlash steresis[J]. IEEE Trans. Automat. Contr., 2000, 45(12): 2427 - 2432.

[48] 刘漫丹,杜维. 单隶属度函数模糊控制器的研究[J]. 仪器仪表学报, 1999 20 (1): 13 - 15.

[49] Karsent L, Lamnabhi - Lagarrigue F, Bastin G. Adaptive control of nonlinear systems with nonlinear parameterization[J]. Systems and Control Letter, 1996(1): 87 - 97.

[50] Hotzel R, Karsenti L. Adaptive tracking strategy for a class of nonlin-

ear systems. IEEE Trans. Automat. Contr. ,1998, 43(9):1272 - 1279

[51]陈伯时. 电力拖动自动控制系统[M]. 北京: 机械工业出版社,2004.

[52]王印松,刘武林. 一种 PID 型模糊神经网络控制器[J]. 系统仿真学报,2003,15(3):389 - 392.

后　记

控制系统的高度智能化是自动化专业领域科学家们研究的终极目标，运用人工智能方法实现控制过程的高度智能是这一终极目标的具体实现。因此，本研究的价值在于努力实现：①改进模糊智能，实现更强大的人工智能；②将改进的模糊智能与经典的应用最为广泛的 PID 控制相结合，实现高度智能化的自动控制；③改进上述的基于模糊智能复合经典控制方法，实现具有更高智能与性能的自动控制。

清华大学博士后赵辉、北京信息科技大学副教授朱敏玲、北京中医药大学博士（讲师）周瑞为本书的编写作出了大量的贡献，北京工业大学实验学院院长王普教授、首都经济贸易大学信息学院院长马慧教授为本书提出指导意见和建议，在此一并表示衷心的感谢。编著本书前后经历了十多年的时间，遇到了大量的困难与挫折，在此也非常感谢我的父母和妻子长期以来的鼓励和支持。